居住环境适老化改造设计图解

Drawing Collection for Research and Demonstration of Key
Technologies for the Age-friendly Renovation of Existing
Residential Buildings

王羽　王祎然　王玥　赫宸　余漾　金洋　马哲雪　尚婷婷　刘浏　苏金昊　张哲　詹柏楠　著

中国建筑工业出版社

图书在版编目（CIP）数据

居住环境适老化改造设计图解＝ Drawing Collection for Research and Demonstration of Key Technologies for the Age-friendly Renovation of Existing Residential Buildings / 王羽等著 . —北京：中国建筑工业出版，2021.3

ISBN 978-7-112-25796-6

Ⅰ.①居… Ⅱ.①王… Ⅲ.①老年人住宅—旧房改造—建筑设计—图集 Ⅳ.① TU241.93

中国版本图书馆 CIP 数据核字（2020）第 267589 号

本图解从常见的问题出发，基于老年人日常行为特征及心理特征，结合实际住宅调研案例的简易图示和文字说明，从空间设计、物理环境、建筑细部等角度，针对住宅公共空间及套内空间的适老化环境改善技术措施进行了说明。

图集主要分为两部分，第一部分是针对建筑物出入口、门厅、候梯厅、电梯、公用走廊、楼梯间等既有居住建筑公共空间的适老化改造方法图解；第二部分是针对住宅套型、入户过渡空间、起居室（厅）、卧室、厨房、卫生间及阳台等既有居住建筑套内空间的适老化改造设计图解。

责任编辑：刘文昕
责任校对：王　烨

居住环境适老化改造设计图解

Drawing Collection for Research and Demonstration of Key Technologies for the Age-friendly Renovation of Existing Residential Buildings

王羽　王祎然　王玥　赫宸　余漾　金洋　马哲雪　尚婷婷　刘浏　苏金昊　张哲　詹柏楠　著

＊

中国建筑工业出版社出版、发行（北京海淀三里河路 9 号）
各地新华书店、建筑书店经销
北京建筑工业印刷厂制版
建工社（河北）印刷有限公司印刷

＊

开本：889 毫米×1194 毫米　1/20　印张：7⅕　字数：200 千字
2024 年 9 月第一版　　2024 年 9 月第一次印刷
定价：**78. 00** 元
ISBN 978-7-112-25796-6
　　（37029）

序 言

当前，我国人口老龄化随着国家富强而迅速增长，而人口老龄化又必需住房适老化，否则建筑的现代化又适应不了人口老龄化的发展。特别是已建的住宅由于功能欠缺、技术落后、材料低下等因素，现存的住宅很难应对人口老龄化的发展速度。为此，中国建筑设计研究院适老建筑实验室专门编制了《居住环境适老化改造设计图解》一书以符合原住住宅的人口老龄化的需要。

本书内容包括三大部分，即为编制说明、公共空间适老改造与室内空间适老改造，重点为第二与第三部分。第一部分是解释既有居住建筑的现存问题，第二部分为建筑物出入口、门厅、候梯厅、公用走廊、楼梯间等的适老改造，第三部分为变型、入户过渡空间、起居室(厅)、卧室、厨房、卫生间及阳台(露台)等的适老改造。由于人体老龄化引起的健康衰退、记忆下降、认知欠缺、动作缓慢等使老年人不能适应原有住宅的不足，因此在日常生活中需要充分满足空间尺度、建筑细部、物理环境、材料选择等的适老要求。

本书提供的技术措施均为实验结合室实物调查、案例考核、行为特点等研究分析，使之合理、有效符合老龄化的要求，并通过设计图解而提出的改造建议既能适应老年人的智能、体能的下降变化，又能化解老年人伤残病痛的不幸结局，因而是一部图文并茂、深入浅出的居住环境适老化改造设计图解的图册。基于此，建议本书能通过再次审定，早日得以付印与发行使之造福于老人晚年安居的享受。并能获得引以参照使用。

赵冠谦

2021. 2. 28

| 序二 |

　　本书是作者在长期研究建筑适老化的基础上，提炼出既有住宅常见的"非适老化"片段，以图解的方式给出改造对策。乍看，都是些鸡毛蒜皮，但其中不乏神来之笔。虽然很多地方有些无奈，却也体现了"改"的不易和"改"的有益。

　　赵冠谦大师曾为本书写了序，但未能看到本书的出版就离世而去，万分遗憾。赵大师身体一直很好，90多岁高龄还在工作，他也曾因家中卫生间的高差等问题而困扰，影响晚年生活，并且非常关注住宅适老化改造的问题。本书的出版也是对赵老的告慰。

　　居住环境适老化既是复杂的社会现象，也是千家万户切身的体验。"适老"就要"适减"，以做减法的态度进行既有建筑的适老化改造。

　　期待您能从这本小书中为自己家人的适老化生活找出适宜的点点滴滴。

中国建筑设计研究院有限公司

资深总建筑师

2022年10月10日

| 前言 |

　　我国人口老龄化趋势日益严峻，如何让老年人在适宜的居住环境中安享晚年，成为社会各界关注的焦点。2019年，《国务院办公厅关于推进养老服务发展的意见》（国办发〔2019〕5号）部署重要任务，推动实施老年人居家适老化改造工程，巩固家庭养老基础地位、促进养老服务消费提升、推动居家养老服务提质扩容，构建居家社区机构相协调、医养相结合的养老服务体系。2020年民政部等九部委联合出台《关于加快实施老年人居家适老化改造工程的指导意见》，明确提出加快培育公平竞争、服务便捷、充满活力的居家适老化改造市场，引导有需要的老年人家庭开展居家适老化改造，并详细部署了居家适老化改造的重点任务。可见，居家适老化改造对于贯彻落实党中央、国务院部署要求，以需求为导向推动各地改善老年人居家生活照护条件，增强居家生活设施安全性、便利性和舒适性，提升居家养老服务质量，具有重要意义。

　　然而，随着时间推移，既有居住环境难以适应老年人居家生活照料、起居行走、康复护理等多样化需求，高龄老人难下楼、独居老人难就餐等问题日益突出。居住环境不适老成为制约"积极应对人口老龄化"的重要因素。

　　为了解决上述问题，中国建筑设计研究院有限公司适老建筑实验室研究编制了《居住环境适老化改造设计图解》一书，本书内容基于实验室多年来在老年人环境行为学方面的数据积累，结合"十二五""十三五"国家科技支撑计划课题针对全国三十余个城市、两百余个社区进行的老年人居住实态调研及需求研究，以图文并茂的形式，详细分析老年人居住环境现有问题，并提出针对性改造设计策略。基于不同读者的差异化需求及特点，在保证专业性的同时提升图解可读性，以期为老年人居住环境适老化改造提供参考案例，为城乡建设适老化转型提供技术支撑。

目 录
Contents

1. 编制说明

1.1 编制原则

- 本图解基于"十二五""十三五"期间对全国三千余份老年人居住环境满意度的调研成果，从典型问题出发，考虑老年人日常行为特征及心理特征，结合实际住宅调研案例，从空间设计、物理环境、建筑细部等角度，针对公共空间及套内空间的适老化环境改善技术措施进行了说明。

- 图解主要分为两大部分，第一部分是针对建筑物出入口、门厅、候梯厅、公用走廊、楼梯间等公共空间的适老化改造方法图解；第二部分是针对套型、入户过渡空间、起居室（厅）、卧室、厨房、卫生间及阳台等套内空间的适老化改造设计图解。

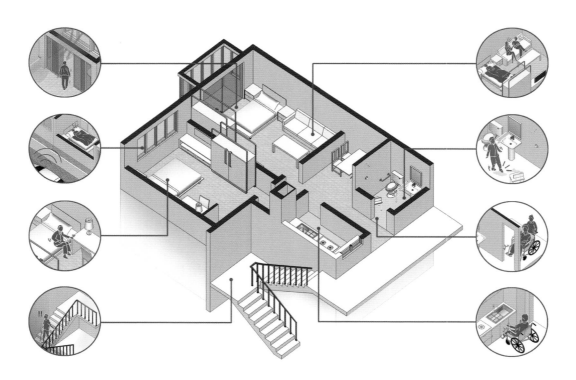

1.2　既有居住环境的现存问题

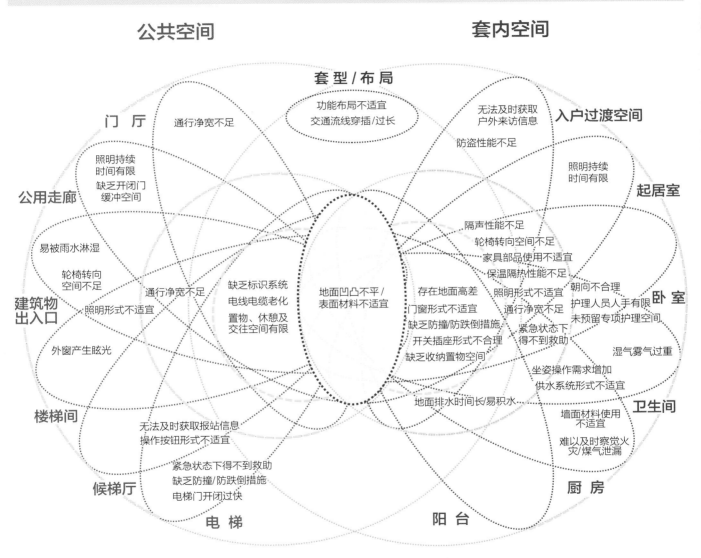

公共空间　　　套内空间

套型/布局

门厅　通行净宽不足　功能布局不适宜　无法及时获取　入户过渡空间
交通流线穿插/过长　户外来访信息

照明持续　防盗性能不足
时间有限
缺乏开闭门　照明持续
缓冲空间　时间有限　起居室

公用走廊

隔声性能不足
易被雨水淋湿　轮椅转向空间不足
家具部品使用不适宜
轮椅转向　保温隔热性能不足
空间不足　缺乏标识系统　朝向不合理
建筑物　电线电缆老化　地面凹凸不平/　存在地面高差　照明形式不适宜　护理人员人手有限　卧室
出入口　照明形式不适宜　置物、休憩及　表面材料不适宜　门窗形式不适宜　通行净宽不足　未预留专项护理空间
交往空间有限　缺乏防撞/防跌倒措施　紧急状态下
外窗产生眩光　通行净宽不足　开关插座形式不合理　得不到救助　湿气雾气过重
缺乏收纳置物空间　坐姿操作需求增加
供水系统形式不适宜
楼梯间　地面排水时间长/易积水　卫生间
墙面材料使用
无法及时获取报站信息　不适宜
操作按钮形式不适宜　难以及时察觉火
灾/煤气泄漏
紧急状态下得不到救助
候梯厅　缺乏防撞/防跌倒措施　厨房
电梯门开闭过快

电梯　阳台

注：图示重合部分为不同空间共性问题

2. 公共空间适老化改造

2.1 建筑物出入口

对建筑物出入口进行适老化改造设计时，考虑到日常通行、救护、紧急疏散等需求，重点针对坡道、标识系统、雨篷、地面材质等方面进行环境改善。

◆ 空间设计
- 坡道
- 台阶
- 雨篷
- 休闲设施
- 加建电梯
- 标识系统

◆ 光环境
- 照明布置与控制

◆ 墙地面与门窗
- 地面材质
- 地面排水
- 门

空间设计：坡道

出入口缺少坡道等无障碍设施

现存问题： 由于建造之初，缺乏无障碍考虑，部分住区建筑物出入口存在平台宽度过窄、缺乏坡道和扶手等问题，对老年人及残疾人的出行造成不便。

改造方法： 在不影响周边环境的前提下，根据建筑物出入口与道路关系加设坡道、扶手等设施。同时，考虑各类助行设备的使用要求，合理设置出入口平台宽度。

改造前 北京市某小区 1998年建成 板式住宅

改造前

出入口缺少无障碍坡道，且平台进深较窄，轮椅老年人开关门困难，存在较大安全隐患。

改造后

① 拓宽出入口平台，宽度不宜小于1500mm，满足轮椅回转需求；
② 增设无障碍坡道，结合坡道设置方向改变单元门开启方向，便于使用轮椅等助行设备的老年人出入；
③ 出入口保证救护车能顺畅通行且直达单元门口，并确保坡道与道路无障碍衔接。

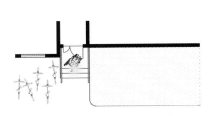

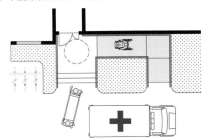

坡道与建筑物出入口的关系示意

坡道可根据建筑物出入口与道路及周围环境关系分为折返型坡道、L型坡道、直线型坡道，当空间不足时可考虑设置无障碍升降平台。

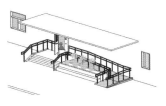

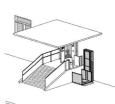

| 折返型坡道 | L型坡道 | 直线型坡道 | 无障碍升降平台 |

空间设计：台阶

改造前　哈尔滨市某小区　2001年建成　板式住宅

出入口台阶尺寸及踏步数不适宜

现存问题： 部分住宅存在台阶高度不一致、踏步宽度过窄、部分踏步高度过高等问题，增加了老年人上台阶时绊倒或踩空的风险。

改造方法： 台阶高度应保证一致，且踏步数不应少于二级，同时设置扶手方便老年人搀扶；当高差不足两级时，宜以坡道代替。

案例1/改造前后

台阶高度不一致，且缺少扶手，老年人易被绊倒或踩空。

对台阶重新进行设计，保证高度均匀一致且安装扶手，踏步宽度不宜小于300mm，踏步高度不宜大于150mm。

透视图示意

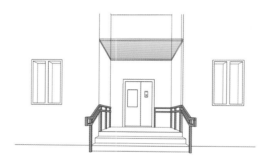

案例2/改造前后

当高差较小，只有一级台阶，老年人易忽视。

用缓坡替代原有高差，同时设置起坡提示。

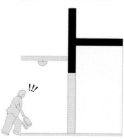

案例示意

空间设计：雨篷

改造前 哈尔滨市某小区 2004年建成 板式住宅

出入口雨篷设置不适宜

现存问题： 雨篷作为重要的遮蔽设施，有遮蔽风雨、防止地面湿滑的作用。而既有住宅中存在雨篷设置不规范的问题，如雨篷并未完全覆盖出入口平台，也未覆盖台阶踏步和坡道，对老年人在雨雪天气的出行造成了不便。

改造方法： 在改造过程中，雨篷应完全覆盖出入口平台，挑出长度宜超过台阶首级踏步500mm以上。有条件时，宜覆盖坡道，减少坡道湿滑结冰引起老年人摔倒的风险。

改造前

雨篷并未覆盖出入口平台及台阶。

改造后

更换为轻质钢架雨篷，并使其完全覆盖出入口平台及台阶。

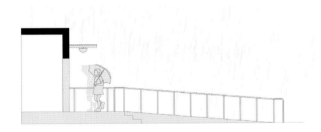

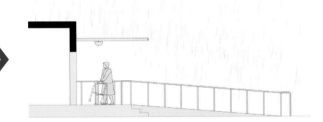

出入口雨篷设置要点：

① 雨篷宜完全覆盖出入口平台，且应考虑到高空防坠物需求；
② 非机动车停车位宜尽可能靠近单元出入口，其上方宜设雨篷，方便老年人进出停放。

雨篷示例

空间设计：休闲设施

| 改造前 | 北京市某小区　1997 年建成　板式住宅 |

出入口外部空间未有效利用

现存问题：楼栋出入口附近往往是老年人聚集晒太阳、交谈的场所，而既有住区楼栋出入口附近存在非机动车停放杂乱、缺少座椅等问题，难以满足老年人的休憩与社交需求。

改造方法：针对单元出入口室外环境进行改造，提升出入口景观质量，并设置座椅等设施，丰富老年人活动空间。

改造前

① 由于出入口被私家车占用，且非机动车随意停放，影响老年人通行；
② 老年人常在出入口附近晒太阳、交谈，但此处缺乏休憩设施；
③ 晾衣杆占用人行道，出入口处通行困难，视野杂乱。

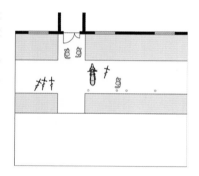

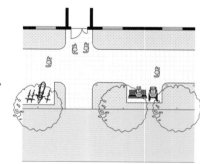

改造后

① 出入口空间增设座椅方便老年人休息聊天；
② 窗前绿地种植低矮灌木为首层住户提供隐私保护；
③ 增加非机动车停放空间；
④ 将晾衣杆从人行道移至绿化场地边缘。

轴测图示意

① 在出入口附近设置适老化座椅，同时通过绿植设计保护底层住户的隐私；
② 统一设置非机动车停车位，避免乱停乱放，同时配置充电装置；

③ 道旁空闲绿地可设置种植花园，引导老年人活动肢体并增进社交。在景观设计时宜挑选互动性强的植物，如薄荷、薰衣草等为老年人提供感官上的疗愈以及身体上的互动。

| 听觉 | 触觉 | 嗅觉 | 味觉 | 视觉 | 园艺操作 |

空间设计：加建电梯

加装电梯后出入口的无障碍改造

现存问题： 既有居住建筑中的多层建筑未配备电梯的情况较多，老年人上下楼费时费力问题极为突出。目前，既有住宅加装电梯已在多地进行，与此同时的出入口无障碍改造也应重视。

改造方法： 改造时应注意协调候梯厅与单元出入口、候梯厅与消防通道之间的关系，合理设置电梯的出入口，同时加设坡道、扶手、雨篷等设施。

改造前 北京市某小区 1950年建成 板式住宅

改造前

① 住宅单元门入口朝北；
② 入口处距离小区消防道路较近；
③ 楼梯间位于北侧且带采光窗。

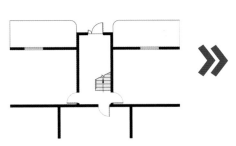

改造后

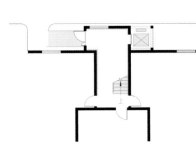

将电梯厅与电梯横向布置，设置于楼梯休息平台处，电梯厅同时兼做单元入口门厅，同时在出入口侧设置坡道、扶手等无障碍设施，满足老年人的使用需求。

轴测图示意

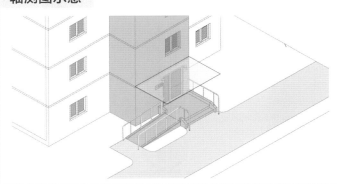

当电梯紧邻建筑设置或加建于门厅外侧，其候梯厅可与原建筑门厅合用，单元出入口处坡道、扶手、雨篷等设置方式如下图：

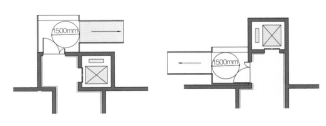

空间设计：标识系统

| 改造前 | 成都市某小区 1996年建成 板式住宅 |

楼栋标识设置不清晰

现存问题： 随着年龄的增大，老年人视力、认知能力、记忆力均有所减弱，住区内系统完善的标识设置有助于老年人寻找目的地。现状住区标识不系统、楼栋标识不清晰的现象普遍存在。

改造方法： ① 依据识别需求合理选择标识的安装位置、字体字号、图形符号、大小及色彩等；② 保证空间内标识信息的连续性。

改造前

改造后

轴测图示意

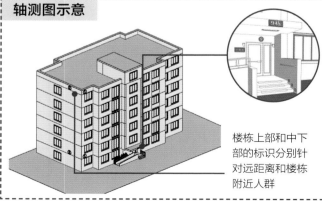

楼栋上部和中下部的标识分别针对远距离和楼栋附近人群

标识设置：
① 考虑老年人因弯腰驼背、使用设备等情况，视角有所变化，标识安装高度可适当降低；
② 标识图文与背景颜色应色彩对比明显，宜优先选用深色背景，浅色图文的色彩方案；
③ 在满足标识相关规范的前提下，字体应选择无衬线字体；
④ 标识系统应避免采用金属、玻璃等易产生炫光的材料。

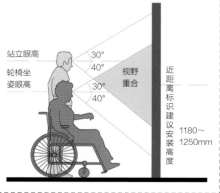

站立眼高
轮椅坐姿眼高
30°
40°
视野重合
30°
40°

近距离标识建议安装高度

1180～1250mm

空间设计：标识系统

改造前　重庆市某小区　1982 年建成　板式住宅

地面高差变化处缺少警示标识

现存问题：当地面高差无法避免时，清晰可见的标识会起到十分重要的警示作用。特别是在夜晚，老年人易因难以辨别高差而发生危险。

改造方法：在地面高差变化处通过颜色的变化、增加照明、配合设置扶手等方式保障老年人的安全。

改造前

出入口台阶高差变化处并未设置警示标识，且缺少栏杆扶手，造成老年人出行不便。

改造后

利用颜色变化配合足够的照明能让老年人更清楚地看到高差，同时应设置扶手方便老年人抓握。

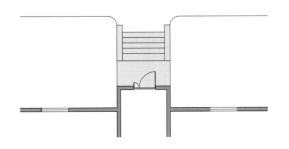

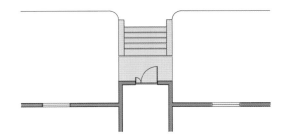

轴测图示意

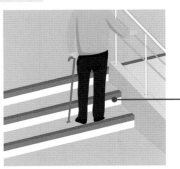

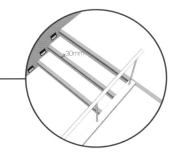

① 在台阶高差变化处使用涂料，通过颜色的变化提醒老年人高差的存在，水平色带和垂直色带宽度宜大于 30mm；
② 材料变化处宜保证平滑，避免产生新的高差；
③ 有条件的可在台阶处设置地灯，辅助提醒。

光环境：照明布置与控制

改造前　北京市某小区　1965 年建成　板式住宅

出入口处缺少照明设施

现存问题： 部分既有住宅出入口处存在缺少照明设施或灯具安放位置不适宜等问题，造成老年人进出单元门不便，增加了夜间出行的安全隐患。

改造方法： 出入口照明设计应注意整体照明与局部照明相结合，以便老年人清晰地辨识出台阶、坡道轮廓以及门禁按钮，灯具宜选取声控或感应等形式。

改造前

出入口处无照明设施，老年人夜间难以看清台阶。

改造后

整体照明设置在入口门厅外侧，同时可在单元门门锁旁、台阶处、扶手、标识等处设置局部照明。

透视图示意

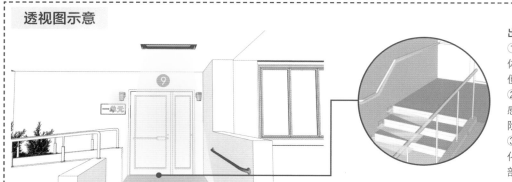

出入口照明设置要点：

① 单元出入口设感应灯，提供整体照明。单元门两侧设局部照明，便于老年人开门；

② 色温以冷光为宜、采用声控或感应开关，照明范围应覆盖到台阶以及单元门；

③ 在单元出入口处的台阶高差变化处、扶手、标识等处可设置局部照明，提升出入口光环境质量。

墙地面与门窗：地面材质

改造前 重庆市某小区 1980年建成 平房

台阶及坡道地面湿滑

现存问题： 由于天气潮湿、降水较多，年久缺乏维护，部分住区室外地面易滋生青苔，导致老年人摔倒。

改造方法： 选用透水性好、不易积水的地面材料，且在踏步边缘、坡道坡段处增设防滑措施，并配合扶手的设置，保证通行的安全。

改造前

地面采用水泥地面，由于年久缺少维护，地面常有青苔，易致滑倒受伤。

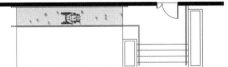

改造后

将原有地面作防滑处理，配合双侧扶手，方便上下撑扶。

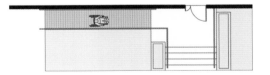

台阶踏面防滑及前缘处理示意

坡道材质处理：
① 尽量使坡道处于雨篷遮挡之下，减少覆着冰霜雪水情况发生；
② 坡道材质可选用剁斧石、混凝土方砖、水刷石面层等具有防滑性能的材料。

台阶材质处理：
台阶可采用铺设防滑瓷砖、预制磨石设置防滑条、水泥面设置防滑条等措施，避免老年人摔倒。

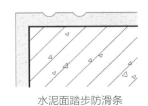

水泥面踏步防滑条　　　　瓷砖面踏步防滑条　　　　踏步前缘

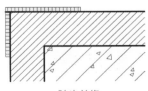

墙地面与门窗：地面排水

| 改造前 | 北京市某小区 1993 年建成 板式住宅 |

地面排水不畅影响出行

现存问题： 部分老旧小区在雨后易出现排水不畅、地面积水等现象，影响正常出行，也易致老年人滑倒。

改造方法： 通过改变排水管位置、增设排水沟、更换透水性较好的地面材质等方式加速地表排水，保证通行安全方便。

改造前

雨水直接排向路面，路两侧缺少疏导排水沟，导致积水，影响老年人行走安全。

改造后

合理规划排水路线，在雨水管排水口处增设排水沟进行有组织排水，可通过卵石带或植物带等方式对排水沟进行遮盖或美化。

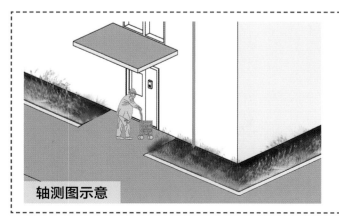

轴测图示意

透水混凝土　　　　透水砖　　透水沥青

住区地面排水处理：
① 通行路面选用透水性好的材料，如透水地砖等；
② 在路面做好找坡，引导雨水流向，避免路面积水。

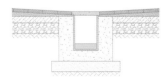

墙地面与门窗：门

改造前 北京市某小区 1997年建成 板式住宅

单元门开启不便

现存问题： 部分既有住宅单元门在设计之初并未考虑到无障碍坡道的使用，加设坡道后，出现单元门的开启方向与坡道上轮椅的前进方向冲突的现象，影响乘轮椅老年人进出。

改造方法： 更换单元门开启方向，门开启方向应与坡道协调，同时平台宽度应保证使用轮椅老年人开门时有一定的躲避空间。

改造前

单元门开启状态下，由坡道通行的轮椅老年人行进受到阻碍，且平台宽度不足，老年人在开门时难以躲避。

改造后

调整单元门开启方向，便于乘轮椅老年人出入。拓宽出入口平台，为乘轮椅老年人开门提供一定的躲避空间。

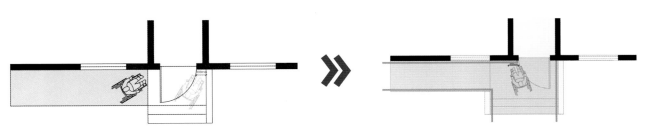

透视图示意

单元门选型示意

AI 人脸识别
可视对讲

读卡区

一键开门

扶手

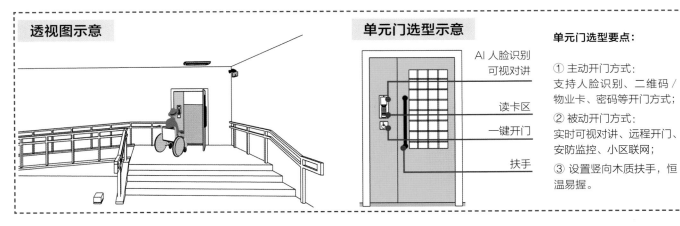

单元门选型要点：

① 主动开门方式：
支持人脸识别、二维码／物业卡、密码等开门方式；

② 被动开门方式：
实时可视对讲、远程开门、安防监控、小区联网；

③ 设置竖向木质扶手，恒温易握。

2.2 门厅

对门厅进行适老化改造设计时，应考虑老年人日常通行、驻足休息及交流等行为的空间需求，重点针对空间功能、无障碍设施、照明布置与控制等方面进行改善。

◆ **空间设计**
– 空间功能
– 无障碍设施

◆ **光环境**
– 照明布置与控制

空间设计：空间功能

改造前 成都市某小区 2008年建成 塔式住宅

门厅/架空层缺少交往活动空间

现存问题： 门厅和架空层作为室内外过渡空间，是住户交流活动的场所。然而部分住区门厅/架空层常常被住户堆满了自行车、轮椅等物品，导致空间杂乱，不利于老年人开展活动。

改造方法： 合理规划空间，可通过设置桌椅、绿植、书架等为老年人提供良好的休息空间，有条件的可设置健身锻炼设施方便老年人就近使用。

改造前

门厅空间被非机动车及杂物挤占，无法开展活动。

改造后

在出入口室外空间设置非机动车停放区域，解决自行车乱停乱放的问题；在门厅增设沙发与绿植等形成休憩空间。

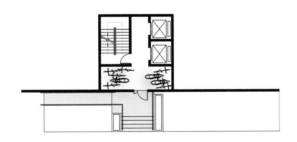

透视图示意

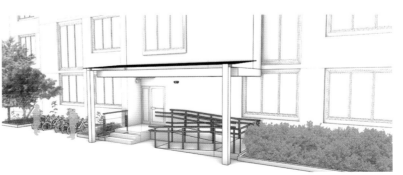

空间设计：无障碍设施

改造前　成都市某小区　2008年建成　塔式住宅

门厅缺少无障碍设施

现存问题： 部分门厅空间中未设置扶手，导致老年人行走时缺乏支撑，容易引起跌倒。此外，轮椅、助行器等辅具，因缺乏合理的存放空间而占用公共通道，影响老年人通行。

改造方法： 在门厅设置连续扶手，扶手在墙面阳角转弯处尽量保证连续，扶手面层材质应温和亲肤，同时避免出现尖锐转角；有需要时可利用楼梯下方空间作为轮椅、助行器的停放区域。

改造前

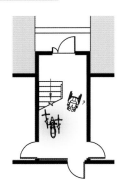
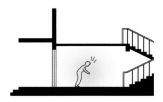

① 门厅内未设置扶手，老年人行走时无法搀扶；
② 门厅内非机动车、助行设备的停放占用公共交通空间，影响老年人通行。

改造后

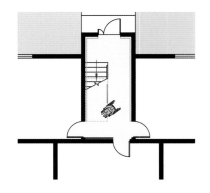

在门厅至楼梯及电梯处加设连续扶手，同时利用楼梯下方空间，规划助行设备停放区域，方便老年人使用。

透视图示意

轮椅停放区域

① 门厅的扶手设置应连续，扶手的高度以850～900mm为宜，如需设置双层扶手时，上层扶手高度宜为850～900mm，下层扶手高度宜为650～700mm。扶手应为易于抓握的圆形，截面直径应为35～50mm；

② 可利用楼梯下方区域设置轮椅、助行器等设备停放区域。

光环境：照明布置与控制

改造前　成都市某小区　1996 年建成　板式住宅

门厅缺少照明设施

现存问题：公共空间的夜间照明质量与老年人的夜间出行次数和出行安全有直接关联。目前，既有住宅门厅常存在缺少照明设施、照度不足等问题，影响老年人的使用。

改造方法：门厅设置感应式照明装置，提供夜间照明；台阶起始处等易发生跌倒危险的位置设置局部照明，起到提示作用。

改造前

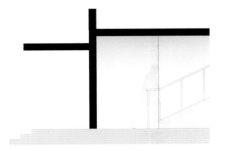

门厅光线昏暗，无照明设施。

改造后

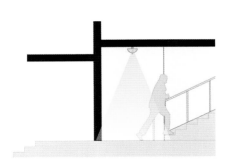

增设照明设施，灯源布置宜接近台阶起始处。

透视图示意

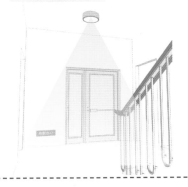

门厅照明设置要点：
① 在门厅上方设置感应式照明装置；
② 台阶起始处设置提示照明；
③ 当门厅设置桌椅时，在桌椅上方设置任务照明，满足活动需求；
④ 当门厅与楼梯间合并时，在通往一楼住户的走廊上根据空间大小合理设置整体照明。

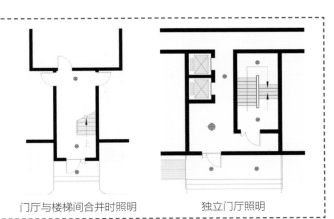

门厅与楼梯间合并时照明　　独立门厅照明

2.3　候梯厅

对候梯厅进行适老化改造设计时，考虑到老年人日常通行、驻足休息等行为的空间需求，重点针对电梯、无障碍设施、照明布置与控制等方面进行环境改善。

◆　空间设计
－　电梯
－　无障碍设施

◆　光环境
－　照明布置与控制

空间设计：电梯

改造前 北京市某小区 1998年建成 塔式住宅

电梯缺少无障碍设施

现存问题： 电梯作为垂直交通的重要工具，其无障碍设施的设置对保证老年人的安全十分重要。部分住宅电梯缺少无障碍考虑，老年人难以撑扶，使用轮椅进出时难以看清电梯内外状况的现象时常发生。

改造方法： 在改造时，应对电梯进行全面的无障碍设计，包括增加扶手、在电梯后壁增设镜子或将内壁更换为反光材质、设置低位按钮等内容，有条件的可设置可折叠座椅。

改造前

电梯老旧且未进行无障碍考虑。

改造后

在电梯中高度850mm处，增设三面扶手；在合理的位置设置低位按钮，方便乘轮椅老年人使用；更换电梯背板，设置可折叠座椅。

低位按钮 900～1200mm
扶手 850mm

轴测图示意

电梯厅的无障碍设施：
① 电梯轿厢应至少一侧设有扶手；
② 操作板：宜选用有盲文或表面字体突出的操作按钮，便于视觉障碍者使用；
③ 轿厢内宜有电视监控系统、呼叫按钮、报警电话。报警呼叫按钮的位置宜醒目，便于老年人在突发状况时及时被发现。

900～1200mm

低位按钮

电梯间扶手

可折叠座椅

楼层显示
应急呼叫

空间设计：无障碍设施

改造前 成都市某小区 2000 年 塔式住宅

候梯厅缺少适老化设计

现存问题：候梯厅作为住户上下楼等待的公共空间，除满足通行功能外，可通过相应的适老化设计，提升老年人使用舒适度。

改造方法：候梯厅可考虑增设扶手、等候区标识、绿植等内容，提升楼道辨识度，增加空间亲和力。

改造前

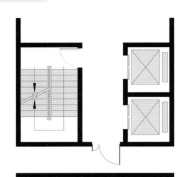

① 候梯厅无扶手；
② 候梯厅缺乏休息等候区、楼道标识等适老化设计。

改造后

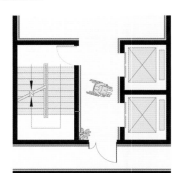

① 在满足规范和疏散要求的前提下，在候梯厅增设扶手；
② 结合标识设计设置轮椅等候位；
③ 利用角落空间放置植物改善楼道环境。

透视图示意

候梯厅适老化改造要点：
① 扶手；
② 等候休息区；
③ 轮椅等候区；
④ 景观小品及植物（可采用绿萝、吊兰、富贵竹、螺纹铁等室内植物）等，提升楼道辨识度，改善楼道环境；
⑤ 标识。

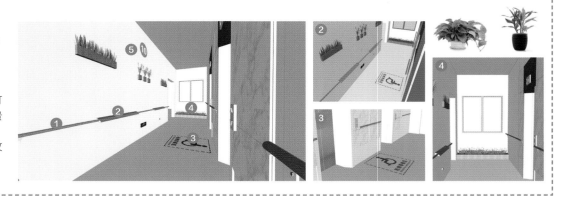

空间设计：无障碍设施

改造前　　北京市某小区　1982 年建造　板式住宅

加装电梯后候梯厅的无障碍改造设计

现存问题： 加装电梯过程中，除了加装电梯自身的无障碍设计外，也应考虑加建电梯对原有空间的影响，并对加建后与原有建筑出入口和公共空间组合形成的新空间进行整体改造。

改造方法： 综合考虑电梯加建之后的情况，在尽量不影响自然采光的同时合理增设照明设施，并完善公共区域的无障碍设施，包括轮椅使用空间、扶手、标识等。

改造前

住宅单元入口为北入口，入口处距离小区内消防道路距离较近，开敞楼梯间位于北侧且带采光窗。

改造后

将电梯厅与电梯纵向布置，设置于直跑楼梯休息平台处，下电梯后可直接入户，电梯厅同时兼做单元入口门厅，单元门开启方向垂直于电梯门。新建停靠平台以及楼梯，并完善无障碍设计，便于老年人出电梯后通行。

  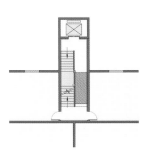

加装电梯后候梯厅的无障碍设计重点：
① 在加建电梯之后，应在原有的空间区域内配置完善的无障碍设施，如扶手，无障碍座椅、轮椅使用空间、标识等；
② 若电梯厅的加设影响了原有楼道公共空间的采光，应结合新建区域合理设置照明设施，保证老年人的通行和视物。

透视图示意

扶手及轮椅空间　　　　座椅

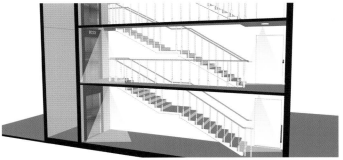

光环境：照明布置与控制

改造前 北京市某小区 2000 年建成 塔式住宅

候梯厅缺少照明设施

现存问题： 既有住区候梯厅空间形式多样，由于进深较长或缺少照明设施，易出现室内光线昏暗的问题，老年人在上下电梯时易产生危险。

改造方法： 候梯厅应设置合理的照明环境，其光环境不应与电梯内产生巨大差异，避免老年人因短时间的明暗不适应而引起安全隐患，应根据具体情况进行综合设计。

改造前

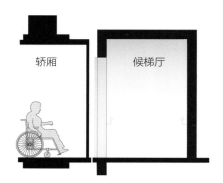

轿厢　候梯厅

候梯厅进深较长，光线昏暗，无照明设施。

改造后

轿厢　候梯厅

在走廊处增加整体照明，并在电梯门附近设置局部照明。

可选用可调节照度的灯具，根据候梯厅光照强度进行自动调节，扶手下方设置 LED 灯带，可在夜间为老年人提供连续照明。

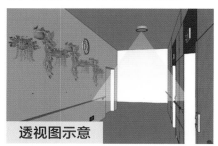

透视图示意

候梯厅有自然采光情况下的照明方案

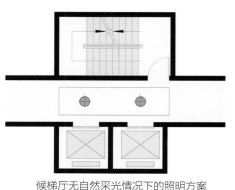

候梯厅无自然采光情况下的照明方案

2.4 公用走廊

对公用走廊进行适老化改造设计时，考虑到老年人日常通行、紧急疏散等行为的空间需求，重点针对标识系统、无障碍设施、照明布置与控制等方面进行环境改善。

◆ 空间设计
 – 标识系统
 – 无障碍设施

◆ 光环境
 – 照明布置与控制

空间设计：标识系统

改造前 北京市某小区 1965 年建成 板式住宅

公用走廊缺少标识

现存问题： 部分住宅公用走廊存在缺少楼层标识、户门标识的问题，楼道各个户门样式相近，老年人在走廊容易迷失方向。

改造方法： 标识系统的设置可按照不同的楼层区分色彩，标识的设计宜色彩突出、造型简单明确，同时注意字体大小和设置高度，便于老年人观察与识别。

改造前

公用走廊空间未设置楼层标识及门牌号，老年人爬楼过程中无法识别所在楼层，也不方便亲友探访和快递定位。

改造后

在走廊明显位置、户门上方设置清晰标识，可通过色彩的区分帮助老年人识别。

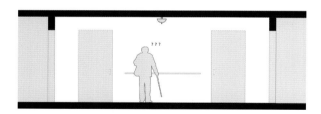

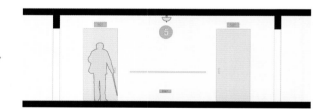

地面标识设计示意

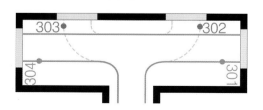

当公共走廊较长、住户较多时，可通过设置地面标识进行提示。地面标识的设计可采用简单的数字语言，同时通过色彩的变化方便老年人识别。

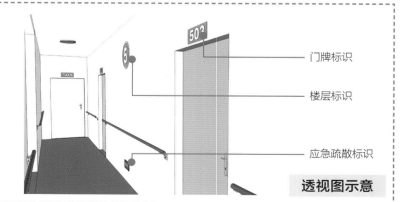

门牌标识

楼层标识

应急疏散标识

透视图示意

空间设计：无障碍设施

改造前　北京市某小区　1998 年建成　塔式住宅

公用走廊缺少扶手等无障碍设施

现存问题： 老年人在行走时常常需要撑扶，扶手的设置可以帮助老年人稳定身体重心，保持身体平衡。部分住宅公用走廊的管线设置较为杂乱，消防栓突出墙面，缺少扶手，影响老年人通行。

改造方法： 在满足疏散的前提下，宜在走廊的两侧设置连续扶手，有条件的可对消防栓进行嵌墙处理保证老年人平稳通行。

改造前

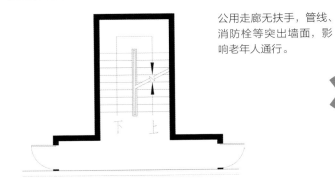

公用走廊无扶手，管线、消防栓等突出墙面，影响老年人通行。

改造后

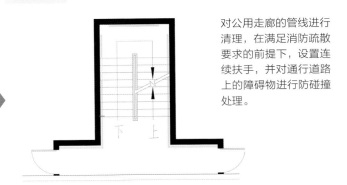

对公用走廊的管线进行清理，在满足消防疏散要求的前提下，设置连续扶手，并对通行道路上的障碍物进行防碰撞处理。

透视图示意

走廊中设连续扶手

在公用走廊中设置双向扶手时，扶手之间的宽度应满足疏散宽度 1200mm 的要求，且扶手距墙面的距离应不小于 75mm。

≥75mm　≥1200mm　≥75mm

⑩

公用走廊

光环境：照明布置与控制

改造前 北京市某小区 1965 年建成 塔式住宅

公用走廊缺少照明设施

现存问题： 良好的照明环境不仅能帮助老年人夜间安全通行，也能帮助老年人辨别家门锁的位置。部分既有住宅的公用走廊存在缺少夜间照明、光照不足等问题，影响老年人夜间出入安全。

改造方法： 在整体照明的基础上，在靠近入户门处设置感应灯或声控灯，节约能源的同时为老年人提供方便。

改造前

公用走廊自身采光不足且光线昏暗，老年人在白天时也难以看清门锁。

改造后

在靠近入户门处设置感应灯或声控灯，可有效消除照明阴影，方便老年人辨别门锁的位置。

透视图示意

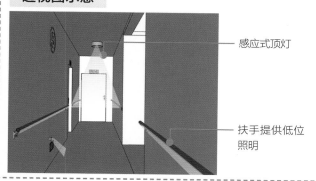

感应式顶灯

扶手提供低位照明

公用走廊灯光设计要点：
① 走廊较短的情况，可设置一个感应式吸顶灯提供整体照明；
② 若走廊较长，可在户门一侧设置感应式筒灯，消除阴影，便于老年人看清门锁；
③ 可在局部设置低位照明，便于老年人识别扶手、通行线路等。

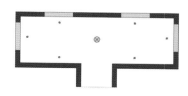

2.5 楼梯间

对楼梯间进行适老化改造设计时，考虑到老年人日常通行、紧急疏散等需求，重点针对标识系统、扶手、休息设施、照明布置与控制等方面进行环境改善。

◆ 空间设计
- 标识系统
- 扶手
- 休息设施

◆ 光环境
- 照明布置与控制

2.5 楼梯间

空间设计：标识系统

改造前 成都市某小区 2008年建成 板式住宅

036

楼梯间缺少指引标识

现存问题： 由于记忆力减退，老年人在不断重复的爬楼过程中容易忘记层数。部分住宅楼梯间存在缺少楼层指引标识、标识设计不清晰等问题。

改造方法： 在各层楼梯间的出入口处应设置楼层标识，标识设计应清晰可见，可通过颜色的变化，帮助老年人区分楼层。

改造前

楼梯间缺少楼层标识，不便于老年人定位。

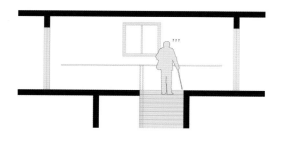

改造后

在楼梯间内朝向楼梯的正面墙上设置楼层标识以及安全疏散标识。

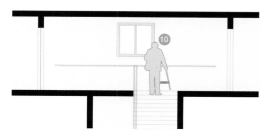

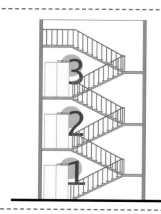

楼梯间楼层标识设计要点：
① 在楼梯间入口明显处应设置标识；
② 楼梯间的标识包括楼层标识、应急疏散标识；
③ 楼梯间标识设计可通过不同的颜色对不同楼层进行区分，更便于老年人记忆。

透视图示意

空间设计：扶手

改造前　北京市某小区　1998 年建成　板式住宅

楼梯间扶手设置不适老

现存问题： 既有住宅的楼梯间存在未设置扶手或扶手设置缺少对双向通行和偏瘫老年人使用的考虑。

改造方法： 在满足疏散宽度要求的前提下，应设置连续、稳固的扶手，有条件的可设置双侧连续扶手。

改造前

楼梯间只设置了单边扶手、扶手起止段缺少延伸处理，容易造成老年人跌倒。

改造后

有条件时设置双侧扶手，当疏散宽度不足且墙体结构允许时，可考虑设置内嵌式扶手。此外，扶手设置还应对扶手起止段进行延伸处理，延伸长度不应小于 300mm。

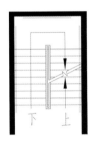

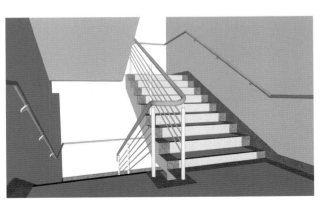

透视图示意

空间设计：休息设施

改造前 成都市某小区 2010 年建成 塔式住宅

楼梯间缺少休息座椅

现存问题： 老年人在爬楼梯时常需要休息，既有住宅楼梯间内并未设置休息设施，给老年人爬楼梯造成困难。

改造方法： 在满足疏散要求的前提下，可在休息平台设置可折叠的休息座椅，有条件的可在旁边设拐杖固定支架。

改造前

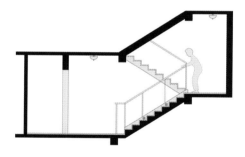

楼梯间缺少休息设施，部分老年人很难一口气爬完全段路程，只能倚靠栏杆休息。

改造后

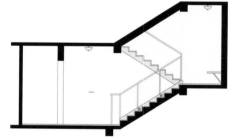

设置轻便的可折叠座椅，选择亲肤材质，色彩鲜明便于识别。

透视图示意

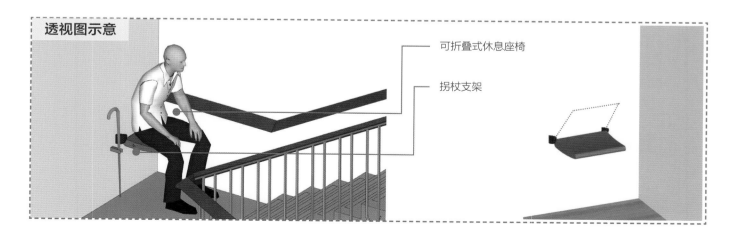

可折叠式休息座椅

拐杖支架

光环境：照明布置与控制

楼梯间光线昏暗

现存问题： 部分既有住宅楼梯间中存在缺乏照明设施或灯具照度不够、光照不均等问题，容易造成安全隐患。

改造方法： 在楼梯间上下平台均匀布置灯具，消除上下楼时产生的阴影，有条件的可在台阶处设置辅助照明。

改造前 　北京市某小区　1965 年建成　板式住宅

改造前

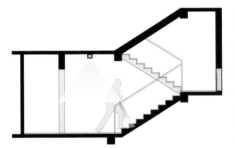

该住宅楼梯间只在楼层出入口处设置照明灯具，随着老年人上下楼梯的过程脚下会产生阴影，影响老年人对梯段的判断，产生安全隐患。

改造后

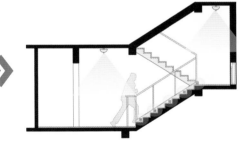

在楼层出入口平台以及休息平台均设置照明灯具，在台阶处增加辅助照明，灯光以冷光为宜。

透视图示意

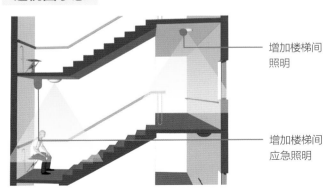

增加楼梯间照明

增加楼梯间应急照明

透视图示意

3. 套内空间适老化改造

3.1 套型

对套型进行适老化改造设计时，应考虑老年人生活行为特点，结合公私分区、动静分区、洁污分区等空间要求，重点针对空间功能和交通流线两个方面进行环境改善。

◆ 空间设计

· 空间功能
- 新需求与旧格局的矛盾
- 套型功能混杂，干扰多
- 拥挤的常用空间与宽敞的闲置空间

· 交通流线
- 卧室与卫生间交通流线曲折
- 厨房到餐厅路线较长
- 主要交通流线曲折障碍多

老年人对套型的需求

套型的适老性能主要体现为能够满足老年人对环境安全保障、生活流线便捷、功能构成适用的需求。因此，在进行适老化改造时宜遵循以下几个原则：

- **安全性原则：** 随着对环境适应能力的减退，老年人在家中发生意外的风险变大，空间使用的安全性对老年人来说十分重要。比如，老年人易因视觉及腿部力量退化，难以察觉地面高差而摔倒。
- **便利性原则：** 居住环境应满足老年人日常生活、照料护理、康复活动等需求，通过保证套型内各空间视线及交通的便捷联系，提升老年人自主生活及家人照护的便利性。
- **适用性原则：** 老年人的居住需求随着其身体状态的变化、生活习惯的改变以及家庭人口结构的变化而不断变化，有必要适时通过改变功能、调整布局等手段，使既有居住环境满足老年人及其家庭的新需求，真正做到老有所住。

安全便捷的交通流线

灵活便利的空间布局

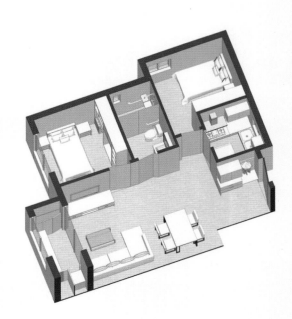

空间设计：空间功能

新需求与旧格局的矛盾

　　随着家庭结构、身体机能、行为习惯的改变，老年人及其家庭对原有居住环境会产生新的需求，如（1）随着家庭结构的变化，居住人口的减少，会产生对原有空闲房间重新再利用的需求；（2）随着老年人睡眠质量的下降，为了避免相互打扰会产生夫妻分床睡的需求；（3）随着身体机能的下降，会产生需要他人密切照护的需求。针对以上情况，重新考量居室空间组织及功能设置有利于提高老年人的居住满意度。

案例一　北京市某小区　1995年建成　板式住宅

两位老年人共同居住

　　该住宅居住着一对老年夫妇，女主人睡眠质量较差，因此两位老年人分室居住。但是，男主人患有哮喘，夜间常常需要女主人照护，分隔的两居室使得女主人夜间需要经过客厅绕行到另一卧室，不便于观察男主人的身体情况。此外，男主人爱好书法，需要一个安静的创作环境，女主人喜欢在卧室窗前锻炼身体，而目前两间卧室存放了较多杂物，限制了老年人的爱好，并影响居住的舒适度。

现状问题：

问题1： 空间功能单一，使用局促。主卧缺少书桌，不便于老年人阅读、写作；次卧空间较为局促，缺少健身空间。

问题2： 空间缺乏联系，不便于老年人互相照看，女主人很难在夜间及时了解男主人的情况。

问题3： 房间储藏功能不足，室内杂物堆积，影响老年人通行安全。

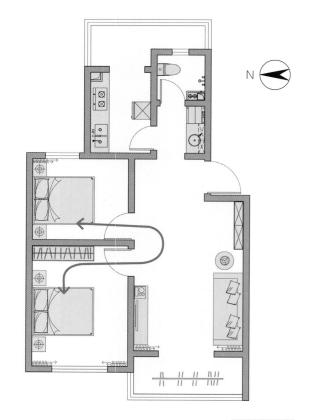

N

改造前

空间设计：空间功能

轴测图示意

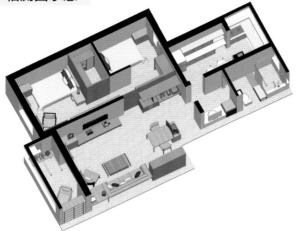

改造方案：

改造内容 1：改变卧室格局。将原有独立卧室打通，使两位老年人既有私密空间又便于相互照顾。

改造内容 2：调整空间功能。重新划分卧室空间尺度，调整家具摆放位置，分别在卧室中有针对性地增加阅读、写作、瑜伽锻炼等空间。

改造内容 3：细化储藏需求，合理规划储藏空间。根据老年人的储藏需求分别设置衣物、被褥、杂物、药品、书籍收藏等的储物空间，解决物品堆放杂乱的问题。

调整房间布局，将原有卧室隔墙拆除，留出联系通道，优化房间布局，设置书桌、书架，并留出女主人所需健身空间

空间打通设置总户门，使卧室与起居厅等空间有一定分隔，营造相对安静的区域，保证公私分区及动静分区

设置衣帽间，增加储藏面积，方便老年人放置被褥等大件物品；在床边设置床边柜，便于老年人存放药品

设置书桌满足老年人书法、绘画等兴趣需求

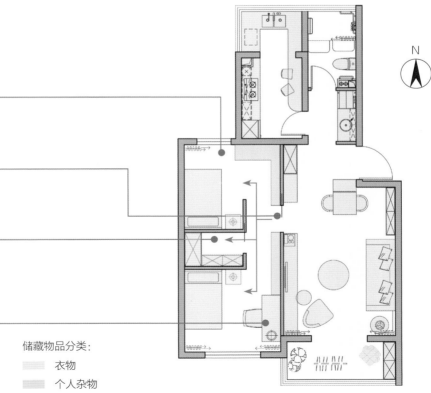

储藏物品分类：

衣物

个人杂物

药品

书籍、收藏

改造后

空间设计：空间功能

案例二　沈阳市某小区　2005 年建成　塔式住宅

空巢老年人不再需要多个同类型房间

随着子女成家立业以及老伴的离世，该老年人目前独自居住，平时子女、亲戚朋友偶尔来探望，但不会留宿。原有的双卫浴、四个卧室的格局已不符合现阶段的使用需求。由于年老体迈，出于对安全和节水的考虑，老年人不再使用浴缸。此外，由于房间面积较大，老年人常觉得空旷寂寞，日常的清洁维护也给老年人带来了不少负担。

现状问题：

问题 1：空间闲置浪费，缺乏合理利用。双卫生间、多卧室的设计，已不满足老年人现阶段需求，除主卧外，其余卧室基本已不再使用。另外，由于老年人不会做饭，三餐均在社区食堂解决，也无使用浴缸的习惯，厨房和浴缸的使用率较低，多个卧室闲置造成资源与空间的双重浪费。

问题 2：空间尺度较大，增加了老年人清洁负担。原有的洗衣机在卫生间，晾晒在阳台，洗衣晾晒流线长。因此，老年人将浴缸上方改造为晾晒区域，但大件衣物仍只能到阳台晾晒；四个卧室、起居室、厨房的日常清洁也带来较大家务负担。

问题 3：空旷的房间增加老年人的寂寞感。老年人子女均在外地，少有亲人探访。

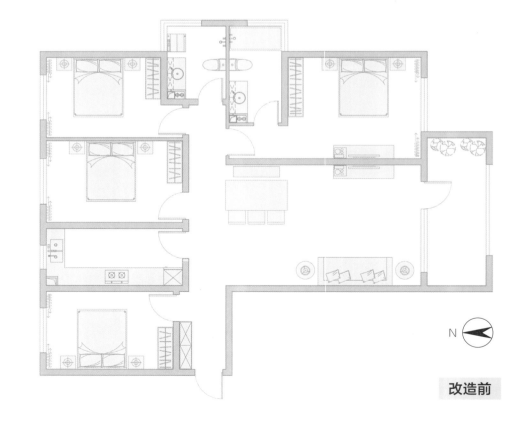

N

改造前

空间设计：空间功能

改造方案：

改造内容1：对空间进行重新分隔和划分。 通过设置隔墙，设置密码锁等方式将住宅一分为三，形成出租区域、共享区域和私人区域。老年人可将房屋出租一部分，通过空间的分隔，保证私人区域和出租区域互不影响。租户和老年人可共同使用厨房，促进老年人与租户保持联系，缓解老年人的孤寂感。

改造内容2：改变家务流线。 在阳台增设洗衣机，方便老年人洗衣、熨衣、晾晒，缩短家务流线，减少家务负担。

改造内容3：提升适老化水平。 在主卧卫生间进行干湿分区，同时增设适老化部品，如扶手、浴凳等，方便老年人独立使用，提高住宅安全性能。

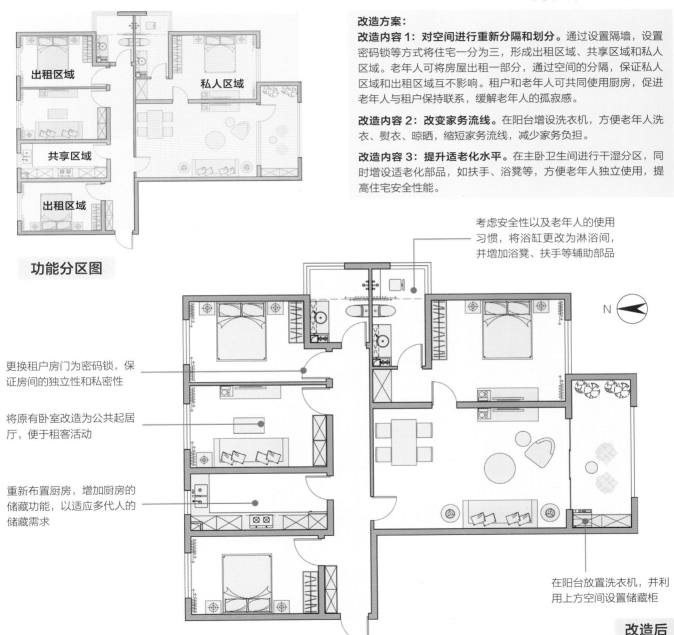

功能分区图

出租区域

私人区域

共享区域

出租区域

考虑安全性以及老年人的使用习惯，将浴缸更改为淋浴间，并增加浴凳、扶手等辅助部品

更换租户房门为密码锁，保证房间的独立性和私密性

将原有卧室改造为公共起居厅，便于租客活动

重新布置厨房，增加厨房的储藏功能，以适应多代人的储藏需求

在阳台放置洗衣机，并利用上方空间设置储藏柜

改造后

空间设计：空间功能

套型功能混杂，干扰多

由于居住空间有限或功能缺失，部分住宅中常出现单一空间功能混杂、流线相互干扰、储藏空间不足等问题，家庭成员作息不同相互影响干扰大、杂物在通道堆积影响通行安全、疫情期间住宅防护水平低等现象突出，影响老年人生活质量。

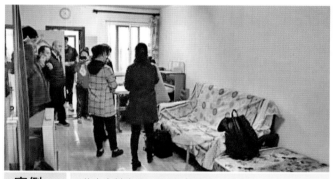

案例一 北京市某小区 1963 年建成 平房

该住宅居住者为一对 80 余岁的老年人夫妇。女主人睡眠较轻，两人平时需分室居住。但由于房间空间有限，男主人只能在起居厅加设床垫作为睡眠区域。

现状问题：

问题 1：睡眠功能与起居功能混合，动静分区不明确。男主人住在起居厅。当女主人中午看电视、起夜上厕所或早起外出锻炼时，极其影响男主人睡眠。

问题 2：入户功能与起居功能混合，公私分区不明确。由于空间局促，沙发最多能容纳三人，客人或家人来访时，常坐在男主人的床上，男主人的隐私受到影响。

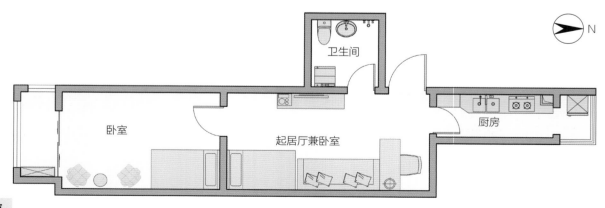

改造前

空间设计：空间功能

改造方案：

改造内容 1：合理划分区域。 考虑到房屋结构原因，在原有的空间分隔基础上对房屋格局进行重新划分。利用家具对原有的卧室空间进行重新分隔，既保证了睡眠的私密性又便于两位老年人互相照顾。同时，完善起居厅功能，通过鞋柜的设置，围合入户空间的同时增加空间储藏量。

改造内容 2：利用家具增加空间适应能力。 通过可伸缩餐桌，沙发床等可变家具的选用，提高空间适应能力，满足不同场景的使用需求。

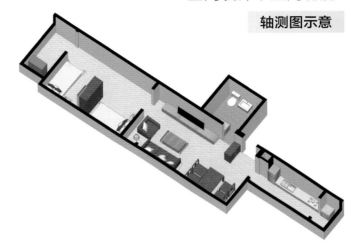

设置隔墙，将原卧室空间分隔为两间，同时采用推拉门，方便两位老年人夜间互相照看。利用隔墙转角设置衣柜，满足两位老年人的储藏需求

在客厅增设可伸缩餐桌，满足多人就餐需求；当子女来探望时，可将沙发床改装使用

在入口处加设鞋柜，围合入户空间，增加储藏量的同时，作为室内外空间的过渡。此外，疫情期间还可作为消毒区域，避免将病菌带入室内

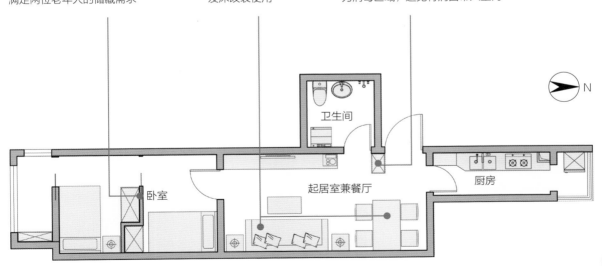

卫生间

卧室

起居室兼餐厅

厨房

N

改造后

空间设计：空间功能

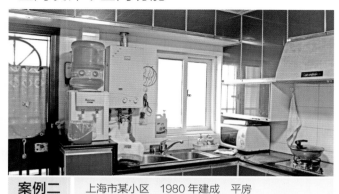

案例二　上海市某小区　1980 年建成　平房

入户与餐厨功能混合、洁污分区不明确

　　此住宅建造于 20 世纪 80 年代，居住了一位 78 岁的女性老年人，包含一个卧室、一个起居室、一个卫生间和厨房。此套型空间分布不合理，卧室空间较大，起居室、厨房和卫生间空间局促，且缺少储藏空间。老年人的鞋、杂物、购买的蔬菜等都堆放在门口，影响通行的同时带来卫生隐患。此外，卫生间与厨房相对，存在"串味"现象。

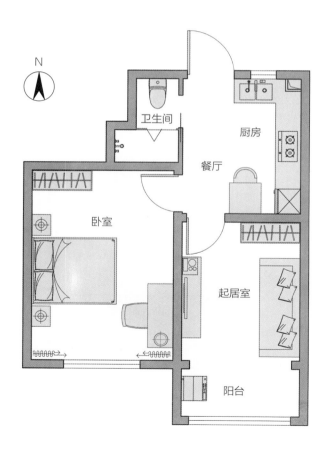

改造前

现状问题：

问题 1：功能混合。由于空间局限，玄关、厨房、餐厅等功能均集中在一个空间中，卫生间缺少洗手池，日常洗衣只能与厨房共用一个洗手池。

问题 2：洁污流线交叉。因为原户型布局问题，卫生间门正对厨房，经常发生串味的问题。但进入卫生间必须经过厨房，洁污流线交叉，存在卫生隐患。

问题 3：缺少储藏空间，杂物堆积。日常杂物悬挂于墙壁或置于地面，影响日常通行。

空间设计：空间功能

移动卫生间隔墙，扩大入户处空间尺度，并设置鞋柜和折叠座椅，便于老年人进出换鞋及收纳；
在厨房操作台处设置可伸缩餐桌，便于老年人就近就餐

压缩部分卧室空间，增设洗面池，调整马桶、淋浴的位置，实现卫生间的干湿分离

将起居室与厨房间原有隔墙缩短，扩宽空间视觉效果；同时在沙发旁设置边柜，便于取物

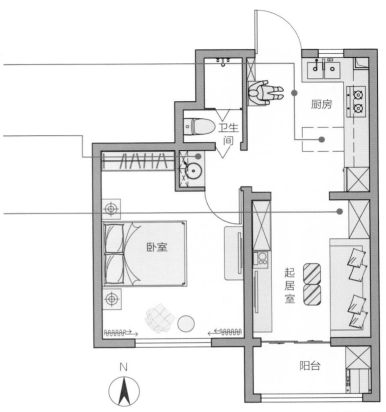

改造后

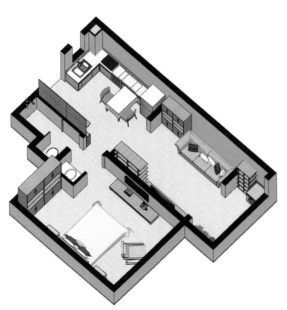

轴测图示意

改造方案：

改造内容 1：调整功能布局，完善功能组成。 通过移动隔墙，压缩部分卫生间面积，在入户处设置鞋柜和可折叠座椅，便于进出换鞋，弥补原有套型功能缺失。

改造内容 2：梳理洁污流线。 更改卫生间进入方向，将原有从厨房进入卫生间的方式改为从卧室旁进入，避免了洁污流线的重叠，提高了空间卫生质量。同时增加洗面池，避免了洗菜与洗衣使用同一个洗手池的不便。

改造内容 3：合理规划储藏空间。 在玄关、餐桌、卫生间、卧室、阳台都增设储藏柜，全屋储藏能效提高了 50%，避免了鞋与杂物堆积，影响老年人通行的情况。

空间设计：空间功能

拥挤的常用空间与宽敞的闲置空间

由于生活方式的改变和居住人数的变化，部分早期修建的住宅套型已难以适应现代老年人的生活需求，如 20 世纪 50 年代时参照苏联模式的"苏式大板筒子楼"，卫生间没有淋浴设施；如"小方厅""小厨卫大卧室"等套型中，突出了卧室的使用功能，而忽略了待客、聚会的需求，导致难以适应现在的生活模式，部分使用频率较高的空间十分拥挤不便，而部分较为宽敞的空间使用率却较低。

案例一 天津市某小区 1986 年建成 板式住宅

现状问题：

问题 1：卫生间面积过小且面向厨房。卫生间面积仅 $2.03m^2$，老年人在此活动较为困难，特别是洗澡时常常发生磕碰。卫生间门开向厨房，洁污流线混乱。

问题 2：房间利用不充分。老年人日常的活动主要集中在卧室中，而东侧房间并未得到有效利用。

问题 3：厨房使用与洗衣机使用互相干扰。阳台将洗衣、灶台合并放置，做饭的油烟易留在晾晒衣物上。烹饪空间狭窄，老年人烹饪时常常需要来回穿行。

该套型居住者为一对年近 90 岁的老年人夫妇，周末偶尔有子女前来探望。套型面积狭小，现有的小方厅难以满足待客、家庭聚会的需求；入户空间与餐厅、卫生间与厨房和阳台混合布置，功能混杂。东侧房间仍保留子女居住时的布置并未有效利用，老年人日常活动主要集中在卧室区域。

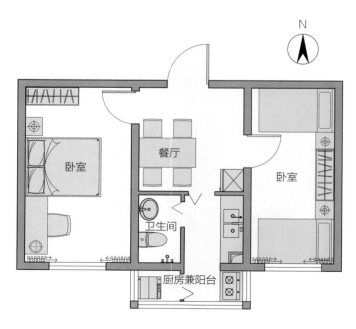

改造前

空间设计：空间功能

设置折叠凳及翻斗鞋柜，方便老年人进出门时置物、坐姿换鞋

将餐厅从门厅移动至东侧卧室，选用伸缩餐桌，以满足不同用餐人数工况的使用需求

选用可变为双人床的沙发床，通过家具形态的变化满足聚会、休息等不同功能需求，方便儿女探望时能休息、过夜

在保证对楼下住户不产生影响的前提下，移动卫生间与厨房隔墙，扩大卫生间和厨房面积。在此基础上，对卫生间和厨房进行重新布局，缓解淋浴空间的局促，并将厨房炉灶由阳台移动至室内

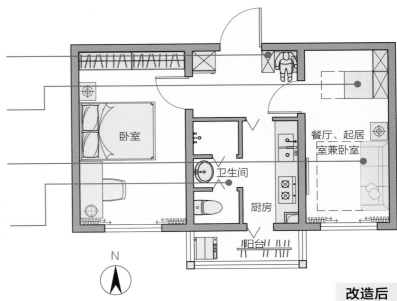

卧室

卫生间

厨房

餐厅、起居室兼卧室

阳台

N

改造后

轴测图示意

改造方案：

改造内容1：对使用局促的空间进行局部扩大。 在确保对其他住户没有影响和结构可行的前提下，移动隔墙位置，扩大卫生间、厨房面积，将厨房功能内移，避免对阳台晾晒功能的干扰。

改造内容2：合理规划未利用空间。 将用餐等功能移至东侧房间，改善门厅功能过多，导致空间杂乱的问题。

改造内容3：利用可变家具，提高空间灵活度。 通过使用可伸缩餐桌、沙发床等为空间提供多种可能性，满足多样化的使用需求。

空间设计：空间功能

案例二 上海市某小区 1995 年建成 板式住宅

空间利用不合理

　　该住宅套内总面积 50m²，套型基本方正，其中卫生间 2.75m²，厨房 3.45m²，卧室 9.52m²，而起居厅与餐厅分别为 19m² 和 12m²。该住宅居住了两位自理老年人，他们兴趣爱好广泛，藏书丰富，热爱绘画，随着退休之后在家生活时间的延长，原住宅空间利用不合理的问题愈发凸显，厨房卫生间等空间使用局促，客厅存在空间浪费的情况，给老年人的生活带来了不便。

现状问题：

问题 1：卫生间、厨房与起居厅面积分配不合理。住宅中面积分配不合理，导致卫生间与厨房面积较小，老年人在使用过程中容易发生磕碰且不便于安装适老化设施，而与之相邻的餐厅与起居厅面积较大，尤其起居厅南侧利用不充分，空间存在浪费。

问题 2：卫生间与厨房穿套布置。卫生间须经由厨房进入，导致房间洁污分区不明确，且起夜流线曲折，夜间容易发生危险。

问题 3：不满足老年人丰富的兴趣需求。两位老年人都喜欢绘画书法，现只布置了一张工作台，不能满足两位老年人同时开展兴趣爱好的需求，大量的藏书无处摆放，储藏空间缺乏。

N

改造前

空间设计：空间功能

改造方案：

改造内容 1：扩大功能面积。扩大卫生间面积，改为二分离式。在原有卫生间东侧设置轻质隔墙，将卫生间盥洗功能外移，原有的卫生间仅设置如厕和淋浴功能。

改造内容 2：对空间进行精细化布局，提高空间利用率。提升起居室南侧空间的使用率，在起居室南侧分别设置餐边柜、书柜、书桌和展示柜等，扩大空间储藏量的同时为老年人营造温馨舒适的展示区和活动区，老年人可在此锻炼身体，练习书法绘画等，储藏量相比之前提升了 5 倍以上。

在卫生间增设适老化设施，如在浴室增设扶手、浴凳等，保证老年人使用安全

在卫生间东侧增加隔墙，设置洗手台、储藏柜和洗衣机，形成二分离式卫生间

设置 3 米长大型多功能工作台，既满足老年人绘画、手工等活动需求，又满足多人聚餐需要，同时南侧设置超大型书架，满足老年人藏书需求

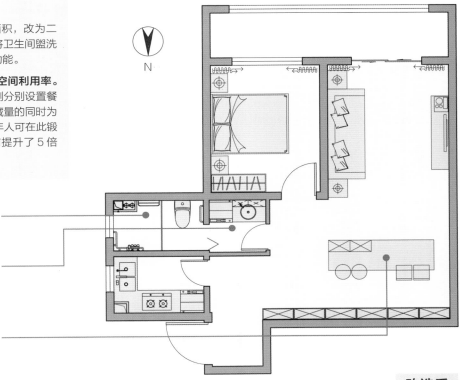

改造后

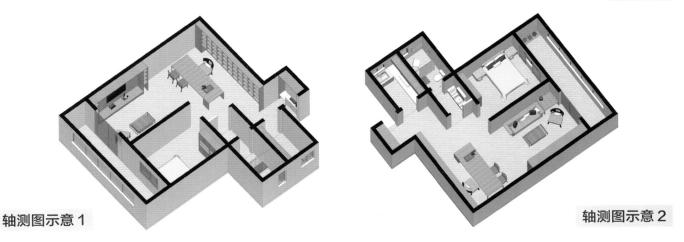

轴测图示意 1

轴测图示意 2

空间设计：交通流线

卧室与卫生间交通流线曲折

　　跌倒是老年人意外伤害的头号杀手。跌倒不但会造成脑部受伤、骨折等严重外伤，还会给心理带来极大创伤。老年人夜间去卫生间是比较常见的现象，夜间看不清、通行道路障碍多等问题容易加大老年人跌倒的概率。因此，在进行适老化改造时，缩短卧室到卫生间的距离、保证充足的夜间照明并做好安全防护极为重要。

案例一　　上海市某小区　1984 年建成　板式住宅

　　该套型整体布局呈"L 型"，卧室与卫生间分别位于房屋的两端。居住者为一对夫妻和一位 80 余岁的女性老年人。考虑到老年人在家中的时间较长，夫妻俩将老年人安排在采光通风更好的东侧端头居住。但是，卧室与卫生间距离长达 18m，路线曲折，老年人起夜时常常发生磕碰，且会途经夫妻卧室，影响夫妻休息。

现状问题：

问题 1：卧室穿套，互相干扰大。老年人只有穿过夫妻的卧室才能到达自己的房间，夫妻隐私受到影响。

问题 2：厨房卫生间空间局促，使用不便。厨房空间狭小，缺少储物空间。卫生间缺少洗手池，需与厨房共用。

问题 3：老年人起夜上厕所流线长，路径曲折。

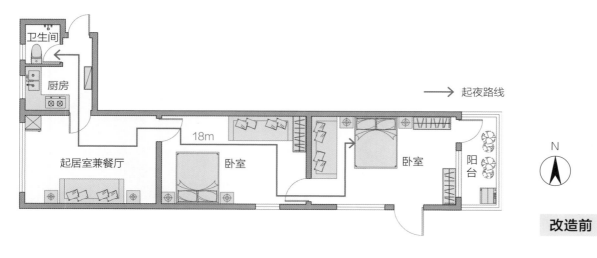

改造前

空间设计：交通流线

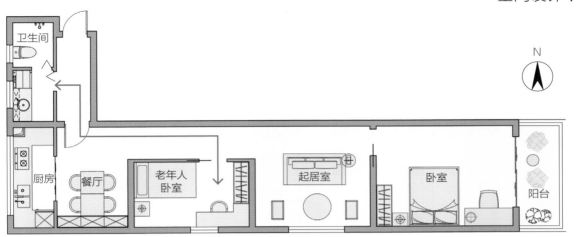

改造后

增添翻斗式鞋柜，并在顶部设置吊柜，以解决入户过渡空间储藏问题

原有厨房空间的功能置换为卫生间，以增大卫生间面积；调换卫生间入口方向，将洗衣机由阳台移至卫生间

沿起夜路径设感应夜灯，以提高行走安全性，形成引导作用

轴测图示意

改造方案：
改造内容 1：缩短卧室到卫生间的距离。 将老年人卧室与夫妻卧室调换，并在走廊中沿路设置感应夜灯，辅助夜间照明。

改造内容 2：更改空间布局，精细功能划分。 将原厨房移至南侧，与餐厅合并，原厨房空间改为洗手池和家务空间。通过增设隔墙，缩小卧室闲置空间的同时划分出独立起居空间。

空间设计：交通流线

案例二 上海市某小区 2001年建成 塔式住宅

　　此住宅是两室两厅一厨一卫的套型。在该套型中老年人居住在南侧卧室，由于身体不便，虽然卧室与卫生间临近设置，但由于卫生间入口设置不合理，该老年人起夜需要穿越厨房。

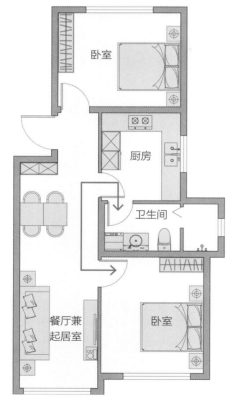

卧室、厨房及卫生间：
卫生间入口经由厨房，导致卧室至卫生间的起夜路线迂回；
卫生间内部空间充足，但缺少适老化设施。

现状问题：
问题1：老年人起夜上厕所流线长，路径曲折。

问题2：淋浴空间局促且缺少必要适老化设施。 淋浴空间未设置扶手、淋浴椅等设施致使老年人使用不便。

卧室

厨房

卫生间

餐厅兼
起居室

卧室

改造前

⟶ 起夜路线

空间设计：交通流线

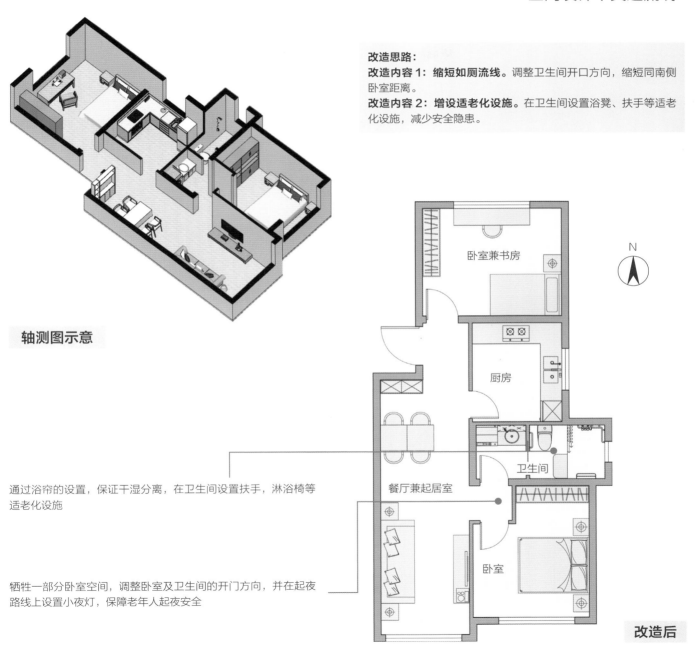

改造思路：
改造内容 1：缩短如厕流线。调整卫生间开口方向，缩短同南侧卧室距离。
改造内容 2：增设适老化设施。在卫生间设置浴凳、扶手等适老化设施，减少安全隐患。

轴测图示意

通过浴帘的设置，保证干湿分离，在卫生间设置扶手，淋浴椅等适老化设施

牺牲一部分卧室空间，调整卧室及卫生间的开门方向，并在起夜路线上设置小夜灯，保障老年人起夜安全

N

卧室兼书房

厨房

卫生间

餐厅兼起居室

卧室

改造后

空间设计：交通流线

案例　北京市某小区　1996 年建成　板式住宅

厨房到餐厅路线较长

　　由于身体机能下降，上肢力量减弱，腕关节及手指灵活度下降等原因，老年人在端菜时容易因走路重心不稳而被烫伤，或因无法掌握平衡，菜汤洒落地面而滑倒。特别是当厨房到餐厅流线较长时，把菜平稳的从厨房端到饭桌对老年人来说更为困难。

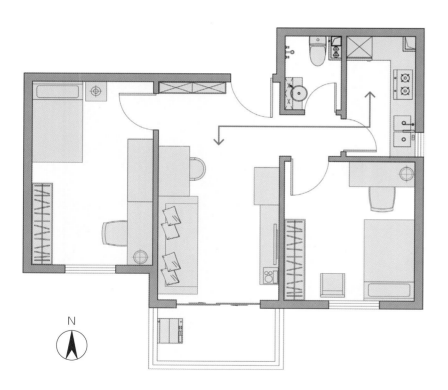

N

改造前

　　该住宅居住了两位老年人，子女下班后会在此就餐，由于餐桌无法同时容纳四人，一家人无法坐在一起吃饭，只能分散在客厅和厨房就座。男主人为偏瘫患者，身体一侧活动受限，行动能力存在一定的障碍，曾在就餐途中因端菜而烫伤，女主人存在手部功能障碍，活动不便。

现状问题：

问题 1：餐厅到厨房流线较长，使用不便。此住宅的男主人因患过脑血栓而右侧肢体活动不便，把菜从厨房端到客厅时曾发生过烫伤。因此，将电磁炉及微波炉等电炊具布置在餐桌旁，以便于加热熟食，但此做法导致起居厅拥挤，使用易发生磕碰，且增加了清洁负担。

问题 2：房间不满足使用需求。男主人日常在家需使用助行设备，房间通行空间杂乱、流线曲折，不方便老年人行走。两位老年人的子女及孙辈经常前来探望，并与之共同用餐。目前的餐桌不能满足多人用餐需求，因此在电视柜旁增加了小餐桌，但是多人用餐时分散在多个台面，且较拥挤。

空间设计：交通流线

设置折叠餐桌，便于
两位老年人就近用餐

更换房间平开门为推拉门，方便男主人通行，调整卧室布局，使卧室满足轮椅通行要求，在床两边预留护理空间，便于护理人员进行操作

选用平滑、圆角家具，避免老年人通行过程中产生磕碰

在客厅设置可伸缩餐桌，日常可作为餐边柜使用，扩大储藏空间，家中聚会时可拉伸满足 4～6 人聚餐需求

改造方案：
改造内容1：缩短就餐流线，方便老年人使用。
在厨房处增设折叠餐桌，供老年人就近就餐。

改造内容2：通过可变家具满足多样化需求。
在客厅设置带伸缩餐桌的餐边柜，利用可伸缩餐桌满足多人就餐需求。

改造内容3：营造适老环境。根据老年人身体条件，改变门厅、卧室、起居厅布局，选择防磕碰家具，提高老年人日常行动能力，改善老年人居住品质。

N

改造后

可伸缩餐桌示意

餐边柜状态

两人就餐状态

聚会状态

轴测图示意

空间设计：交通流线

主要交通流线曲折障碍多

对于使用助行设备的老年人来说，避免主要交通流线过多的转折十分必要。同时，由于家中面积狭小、储藏空间不足等原因，杂乱的物品摆放对于易跌倒且跌倒后不易恢复的老年人来讲，或许会成为他们行动的障碍。交通流线上的适度"清障"非常重要。

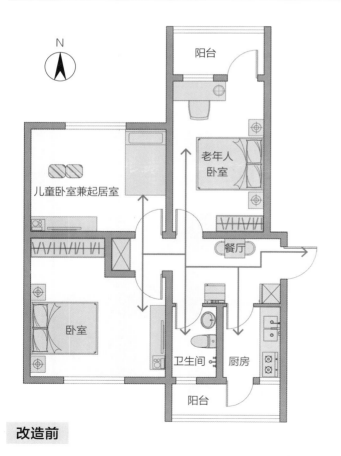

改造前

案例一　天津市某小区　1994 年建成　板式住宅

此住宅是三室零厅一厨一卫的套型，建造于 20 世纪 90 年代。该套型居住了一个三口之家以及一位乘轮椅老年人，由于老年人行动不便，门厅空间局促，老年人无法和家人共同就餐。门厅中餐桌、冰箱摆放位置较近，老年人通过该区域时常发生磕碰，存在安全问题。

现状问题：

问题 1：门厅空间局促，家具占道，影响老年人通行。门厅作为全屋的交通核心，主要交通路线被餐桌、洗衣机、电冰箱等家具电器挤占，卫生间和厨房空间拥挤，老年人通过时易磕碰，存在安全问题。

问题 2：老年人卧室内空间较为局促，不便于轮椅通行及日常护理。

问题 3：功能混杂，干扰大。由于缺少起居厅，在儿童房内布置了沙发、电视等家具，一家人主要在此活动。

空间设计：交通流线

合理布置老年人卧室，避免家具布置对通行流线的影响，营造完整的交通空间保障老年人轮椅通行和护理空间。同时增设移动马桶，便于夜间使用

在保障结构安全的前提下，打破隔墙，扩大现有过厅面积，增设可升降茶几，复合起居厅与餐厅功能，满足家庭就餐、观影等不同使用场景

扩大原有卫生间和厨房门宽度，保障老年人通行

阳台

儿童房

老年人卧室

餐厅

卧室

厨房

卫生间

阳台

N

改造后

改造方案：

改造内容 1：扩大交通空间面积，避免流线曲折。 通过移动隔墙，拆除部分墙体等方式扩大原门厅面积，将交通空间与功能空间进行区分，避免家具部品占道，为老年人提供便捷、安全的交通空间。

改造内容 2：调整平面功能，将老年人房间同儿童房间互换，复合起居与用餐空间。 通过合理的家具布置与选型，满足极小空间下不同家庭生活场景的使用需求。

改造内容 3：增加适老化设施。 增设扶手、小夜灯等设施，保障老年人的正常通行。

轴测图示意

空间设计：交通流线

案例二 北京市某小区 2002 年建成 板式住宅

此住宅是三室一厅一厨的套型，建造于 2000 年左右。该套型居住着一名女性老年人。由于腿脚不便，其在家也需要使用轮椅。常年在家中进行手工艺制作，周末偶尔有亲属来访探望，并留宿家中。

考虑到独居者的私密性要求，老年人平时居住于最里侧的单人卧室内。在日常起夜过程中，从该卧室到卫生间的交通路径因为衣柜、钢琴的摆放，路线较为曲折，且有多个障碍物阻挡，极易发生碰撞。

现状问题：

问题 1：主要交通流线障碍多，通行路线曲折，轮椅通行不便。 该套型空间流线较长，家具摆放位置不合理，通行宽度有限，如钢琴及储藏柜距离较近并形成尖锐直角，极易造成磕碰。

问题 2：功能布局不满足使用需求。 由于老年人从事艺术相关行业，有较大的的会客及作品展示需求，而现有起居兼工作室较为局促，缺乏展示空间，大量作品堆积在储藏间，频繁的翻找为老年人带来不便。

问题 3：缺少适老化设施。 卫生间缺乏必要的适老化设施，老年人如厕、淋浴困难。此外，现有平开门开启困难，成为通行障碍。

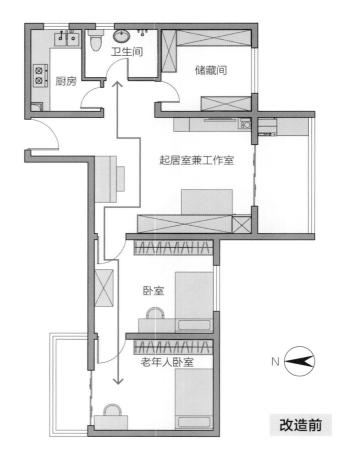

卫生间

厨房

储藏间

起居室兼工作室

卧室

老年人卧室

N

改造前

空间设计：交通流线

改变厨房入口位置至入户空间侧方，以确保厨房流线为直线；

将冰箱移动至厨房内部，并增设厨房操作台，以便于开展连续烹饪操作

借用原先储藏间入口空间，扩大卫生间面积，并将洗衣机移至东侧阳台，便于晾晒的同时，增设约 0.70m³ 的储藏量

将原北侧储藏间改为老年人卧室，缩短日常活动路线，并方便起夜

将原有起居室兼工作室中的起居功能保留，并与东侧阳台合并，形成完整"沙龙＋起居"空间。同时增设两排储藏柜，保留原有储藏量的同时，便于会客展示

将工作室兼书房空间独立安排在起居室南侧房间，与起居厅形成动静分区，并拓宽门洞

南侧房间作为亲友留宿空间

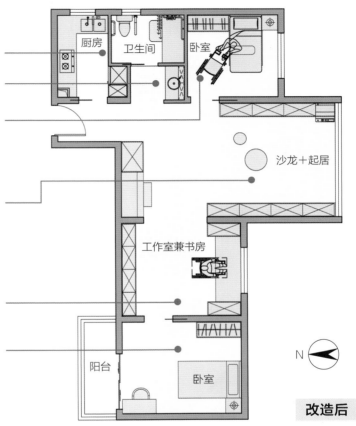

改造后

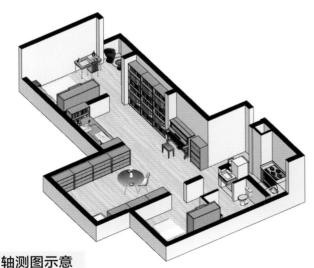

轴测图示意

改造方案 1：

改造内容 1：调整房屋功能布局，重新布置家具梳理交通流线。 将老年人卧室与储藏间交换，减少老年人在移动过程中迂回转折的次数。通过合理布置家具位置，扩大交通面积，保证轮椅的无障碍通行。

改造内容 2：复合空间功能。 打破起居与阳台隔墙，形成完整的沙龙＋起居空间，满足会客及展示需求，同时将工作室与书房独立设置，形成动静分区。

改造内容 3：增加适老化设施。 增设卫生间马桶、淋浴旁抓杆，扩大门洞宽度，便于轮椅使用。

空间设计：交通流线

移动隔墙，扩大厨房面积，以兼顾厨房和用餐功能；改变厨房入口位置至厨房南侧；将冰箱移动至厨房内部，并增设厨房操作台，便于烹饪

利用原储藏间入口空间设置洗手池，实现卫生间干湿分离；将洗衣机移动至阳台，便于晾晒

将原有储藏间改为卧室空间，打通卧室与工作室空间的隔墙，以便在卫生间、卧室、工作室兼书房区域形成洄游空间

在工作室空间南侧房间布置小型观影室。并在西侧墙面布置连续储藏柜，保留原有储藏量的同时可作为展示界面

南侧房间作为亲属留宿卧室，形成较私密的个人空间

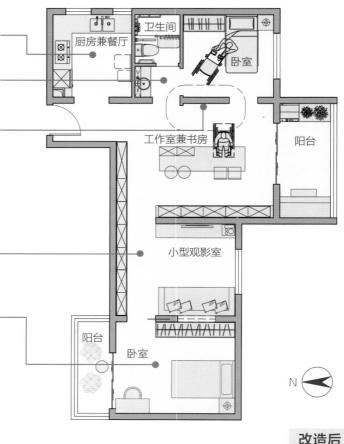

改造后

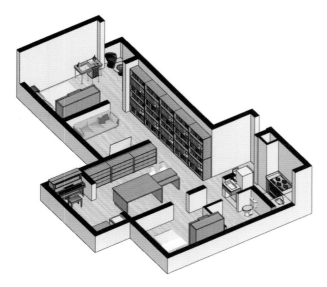

轴测图示意

改造方案2：
改造要点1：扩大通行净宽，简化交通流线。 老年人主要活动房间不设门，形成洄游路线，便于老年人顺畅通过套内各功能空间。

改造要点2：调整空间布局，缩小日常活动范围。 将老年人日常使用的办公、就餐、睡眠、洗涤、烹饪、晾晒等功能集中到入户空间附近的区域内，以便缩小日常移动范围。

3.2　入户过渡空间

对入户过渡空间进行适老化改造设计时，宜考虑老年人置物、撑扶、开关灯、坐姿换鞋、更衣、轮椅通行等行为的空间需求。

入户过渡空间的功能分区主要包括准备区、更衣换鞋区、通行区和轮椅存放区。

◆ **空间设计**
 – 空间尺度
 – 空间功能
 – 空间流线
 – 置物台

◆ **光环境**
 – 照明布置与控制

◆ **墙地面与门窗**
 – 地面材质

老年人对入户过渡空间的需求

　　作为室内与室外的重要联系，入户过渡空间对于保障老年人安全通行十分重要。应根据老年人出入行为特点合理设置空间功能和布局方式，并结合老年人身体状态，选用适宜的家具部品作为辅助。

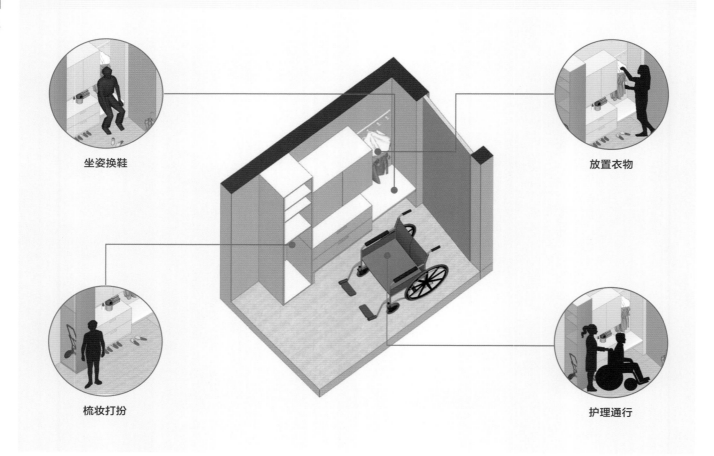

坐姿换鞋

放置衣物

梳妆打扮

护理通行

空间设计：空间尺度

北京市某小区
1985年建成　板式住宅

入户空间狭长且存在高差

现存问题： 部分住宅入户过渡空间在放置鞋柜等家具及物品后，通行宽度过窄，且入户门存在门槛，对使用辅具的老年人及其照护人员造成不便。

改造方法： 根据老年人的不同身体状态通过改变空间布局、增设辅助设施等方式，以确保通行无碍，包括：① 安装扶手，为使用助行设备或需护理人员搀扶的老年人提供支撑；② 针对健康老年人，调整妨碍通行的家具部品的形式或位置，避免发生磕碰；③ 对于入户门槛高差，可利用倒坡脚实现平稳过渡。

改造前

入口空间狭长且采光不佳，轮椅老人通行困难。

改造后

入口选用超薄鞋柜并将一部分储藏功能移至起居厅，扩宽通行宽度；在玄关与客厅连接处增设镜子，引入室外光线提高玄关亮度的同时方便老年人查看入户人员情况；在鞋柜上设置局部照明，作为辅助。

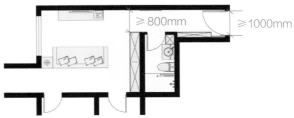

高差改造示意

入户门槛高差较小且不便于消除，易被忽视。

设置倒坡脚实现高差平稳过渡。

空间设计：空间尺度

案例示意　天津市某小区　1994 年建成　板式住宅

不满足轮椅通行需求

现存问题： 由于空间面积有限，屋内交通流线较为曲折，轮椅难以转向，给轮椅老年人的通行带来了诸多障碍。

改造方法： ① 空间充足的前提下，预留各关键节点的轮椅回转空间，确保满足最小回转尺寸；② 当空间面积不足，难以实现轮椅回转时，在入户过渡空间预留轮椅更换及储藏功能。

改造前

入口空间局促，轮椅老年人出入困难。

改造后

在结构可行的前提下，移动隔墙，适当压缩卧室空间，扩宽门厅空间，为轮椅老年人提供足够通行范围。在门厅与厨房、走廊与卫生间的交汇处设置稍大的空间，方便轮椅转弯。

800mm

≥ 1300mm

套内轮椅回转空间

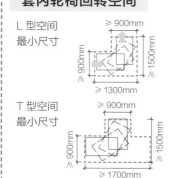

L 型空间
最小尺寸

≥ 900mm
≥ 1500mm
≥ 900mm
≥ 1300mm

T 型空间
最小尺寸

≥ 900mm
≥ 1500mm
≥ 900mm
≥ 1700mm

研究表明，住宅套内很少存在需要满足 360° 轮椅回转的情况，回转空间可用 T 型和 L 型代替，以节省交通面积。

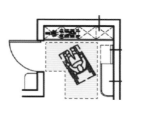

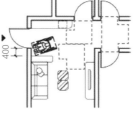

400

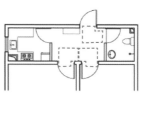

空间设计：空间尺度

急救时担架出入困难

北京市某小区　2002年建成　板式住宅

现存问题：当老年人发生紧急情况时，担架成为其快速送医的重要护送工具。而部分住宅进深较大，空间转折处转弯半径较小，易发生担架难以进入的问题，贻误抢救时机。

改造方法：① 空间充足的前提下，预留各关键节点的担架使用空间，确保其满足用于入宅急救的担架的最小参数；② 当空间条件不允许使用担架时，尽可能保证入户过渡空间有足够的空间放置担架，以缩短病人在无担架情况下的运送距离。

改造前

老年人常年卧病在家，入户过渡空间与老年人所在房间形成L型布局，紧急情况时正常规格的急救担架难以平稳的护送老年人，耽误救护时间。

改造后

移动厨房隔墙、扩大入户空间进深，同时改变家具布置方式，以满足担架通行尺度。

担架选型

铲式担架

楼梯担架

担架使用尺寸

325mm
420mm
1070mm
325mm
1850mm

4 双人抱持铲式担架的最小空间范围（人在担架两侧）

550mm
875mm
325mm
1900mm

5 单人扶持担架车的最小空间范围

轴测图示意

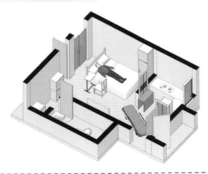

1. 可实现担架进入的情况：
预留铲式担架、担架车的使用空间：
① 改变原有家具部品形式、位置；
② 借用邻近空间，扩大入户交通空间。
2. 担架无法进入的情况：
预留楼梯担架使用空间。

空间设计：空间功能

改造前 广州市某小区 1998 年建成 板式住宅

置物、坐姿换鞋等功能缺失

现存问题： 部分住宅设计之初未考虑坐姿换鞋、置物等需求，老年人随着年龄的增加，腿部力量的减弱，对坐姿换鞋的需求增大。

改造方法： 根据入户过渡空间的现状，在满足日常通行的前提下，选择合适的换鞋凳和鞋柜，以满足老年人日常置物、坐姿换鞋需求。

改造前

入口空间宽敞，但缺乏与置物、更衣、坐姿换鞋等行为相匹配的家具部品。

改造后

增添储物柜、高低鞋柜、挂衣钩等，并借助家具形成可撑扶平面。

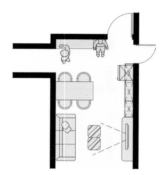

不同家具选型特点

1. 组合式鞋柜
整体性强，占地空间小，损失一定的储藏空间，需单独配置扶手，方便老年人就座与站立。
2. 组合式玄关柜
整体性强，美观，对玄关空间要求大。
3. 鞋柜+换鞋凳
组合方式灵活可变，改造方便，不损失储藏空间，换鞋凳的选择宜选择带储藏功能且自带扶手的，或在门口处设置扶手，方便老年人起坐搀扶。

1：组合式鞋柜　　　　2：组合式玄关柜　　　　3：鞋柜+换鞋凳

空间设计：空间功能

改造前 沈阳市某小区 2004年建成 板式住宅

储藏空间不足

现存问题： 入户过渡空间中衣物、鞋子、雨伞、助行类适老辅具等生活物品的储存需求较高，但未设置相应储藏功能，导致生活物品无处安放而在地上叠放堆砌，影响老年人通行。

改造方法： 在不同区域增设组合柜，以便分类放置鞋、衣物、随身杂物、适老辅具等生活物品，提高空间利用率。

改造前

空间储藏功能及其缺乏，众多生活物品堆砌于入口处，影响日常通行。

改造后

在入户处增加轮椅存放空间，将鞋柜挪到靠近入户门的区域，方便老年人进出搀扶；在餐桌处打造围合式座椅，下方也可作为储藏，弥补储藏空间的不足。

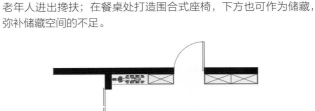

透视图示意

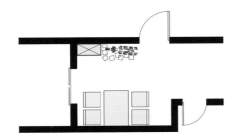

高部柜	可存放较轻或不常用物品，例如储物箱、鞋盒等
中高部柜	存放物品方便，但略高于人的视线
低中部柜	可存放常用物品，例如鞋、包、钥匙等
低部柜	可放置更换用拖鞋和常用的鞋等

杂物储藏 衣帽储藏

鞋类储藏

分类	储藏空间要求
适老辅具	拐杖：悬挂或竖放于便于观察拿取的高度 轮椅：折叠后靠墙放置，折叠储藏空间为300mm×1000mm
衣物	外套：储藏空间长度 800～1500mm 普通衣物：储藏空间深度 <400mm
随身杂物	钥匙、包：放置于储藏柜台面显眼处 雨伞：设置湿雨伞暂存空间
鞋	一般类型：鞋柜高度 150mm 短靴：鞋柜高度 ≥180mm 长靴：鞋柜高度 >400mm

空间设计：空间功能

改造前 成都市某小区 2001年建成 板式住宅

入户空间私密性不强

现存问题： 部分既有住宅存在入户门正对客餐厅的情况，开关门时来访者对户内情况一览无余，私密性较差。

改造方法： ① 通过设置栅格格挡，遮挡视线；② 利用储藏柜对视线进行部分遮挡，同时提供一定的储藏空间。

改造前

"一"字型的入户空间是住宅中一种常见的类型，这种类型入户进门处私密性较差，对客餐厅一览无余。

改造后

在改造中，可利用这类空间特色，在入户门靠近客厅的一边摆放一组"收纳＋隔断柜"，虽不能完全遮挡客餐厅，但是，对私密性提升有一定效果。

  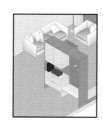

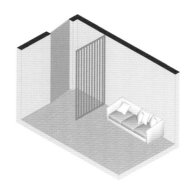

1. 使用栅格格挡。栅格格挡不仅能遮挡视线，保证私密性，其透光性也强，不会影响入户空间的采光。栅格格挡占用空间小，适应性强，适合多种玄关类型。

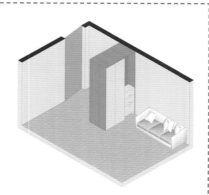

2. 使用储藏柜。部分L型的入户门，不仅正对客餐厅，还缺乏储物收纳功能，在空间较为充裕的情况下，使用柜体来对视线进行格挡，不仅解决私密性问题，也提高空间收纳力。可结合栅格设置，保证老年人视线与户门的联系。

空间设计：空间功能

空间划分不明确

现存问题： 入口过渡空间与起居室、餐厅结合设置，空间布局较为灵活，但如果空间划分不合理，不仅缺乏私密性，且不利于卫生防护。

改造方法： ① 通过设置栅格或储藏柜作为空间屏障，提升居室内私密性；② 若空间较为局促，则将外向空间如餐厅、客厅等外移，卧室等私密空间内置，保证空间私密性。

改造前　　天津市某小区　2001 年建成　板式住宅

改造前

由于入口空间的限制，住宅入户门正对着床头，鞋柜却远离出入口，造成私密性较差且换鞋不便，且鞋柜位置十分不利于卫生防护。

改造后

增加镂空玄关柜作为屏障，同时，将客厅沙发电视等外移，较为私密的单人床等内移，同时在单人床与沙发之间设置折叠门，保证睡眠空间的私密性。

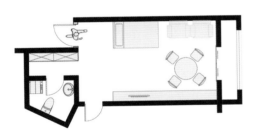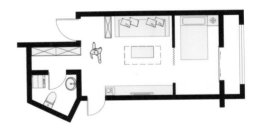

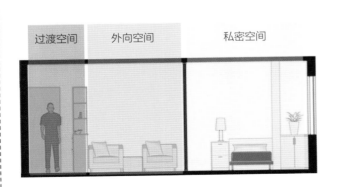

过渡空间　　外向空间　　私密空间

增加遮挡，加强入户私密性，营造入户的仪式感。

轴测图示意

空间设计：空间流线

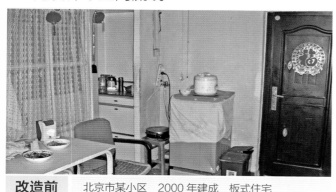

改造前 北京市某小区 2000年建成 板式住宅

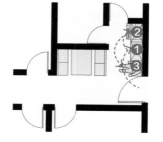

功能流线设置不适宜

现存问题： 部分既有住宅家具位置摆放混乱，进屋后需穿行通过与入户无关的功能区域进行更衣换鞋，导致流线折返。

改造方法： 根据老年人出入户行为流线合理布置、空间及家具摆放位置。

改造前

老年人进门流线是：① 置物→② 脱放外衣置于洗衣机台面→③ 鞋柜处取鞋→④ 餐椅处坐下换鞋→⑤ 收纳鞋，流线混乱，缺少外衣收纳等储藏空间。

改造后

按照置物、脱衣换鞋的顺序合理安排家具布置，增加鞋柜与换鞋凳，并设置衣物悬挂区。

老年人进出户行为流程：
归家：放下物品→脱挂外衣→坐下→取鞋→坐姿换鞋→撑扶站立→（照镜子）
外出：穿上外衣→（照镜子）→取鞋→坐姿换鞋→撑扶站立→拿取随身物品→出门

老年人入户行为需要的空间尺度：

隔离缓冲区　　清洁区

空间设计：置物台

改造前 成都市某小区 1995年建成 板式住宅

缺少可靠撑扶面

现存问题： 老年人在入户通行移动、站姿换鞋以及从地面取放物品时缺少支撑。

改造方法： 结合墙面、户门、坐凳、储物柜等设置扶手或可撑扶的家具，以满足老年人通行、换鞋、取放物品时的撑扶需求。

改造前

在入口处设置通高组合柜，老年人站立换鞋时缺少支撑，身体容易重心不稳，导致摔倒。

改造后

选择中间镂空的玄关柜，便于老年人通行及换鞋时搀扶；设置可折叠座椅，方便老年人坐姿换鞋。

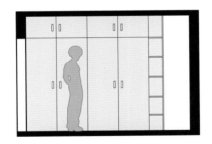

鞋柜支撑要点

老年人在入户空间穿脱鞋、通行移动，从地面取放物品时需要有支撑，以帮助身体平衡，避免发生危险，入户空间的支撑扶手可采取以下方式：
① 利用鞋柜、置物台等部品作为隐形扶手，鞋柜高度以 0.9m 或 1m 为宜，便于老年人搀扶；
② 在座椅等处设置竖向扶手，便于老年人换鞋后支撑。

轴测图示意

有条件时可设置多功能入户组合柜：
① 置物台作为隐形扶手辅助老年人坐姿换鞋；
② 顶天立地扶手帮助老年人起身；
③ 连续横向扶手辅助老年人通行。

光环境：照明布置与控制

改造前　太原市某小区　2002 年建成　塔式住宅

局部光线昏暗

现存问题： 入户过渡空间因照明位置不合理或光源照度不足，老年人通行时易产生阴影，影响老年人的行动安全。

改造方法： ① 当入户过渡空间与餐厅或客厅共用光源时，需增设顶灯，保障入口处光环境质量；② 当入户空间进深较大时，宜均匀布置筒灯或射灯，避免产生阴影区域，且在鞋柜和置物台等区域设置补充照明，便于老年人视物。

改造前

玄关狭长，仅设置单一顶灯，老年人通行、换鞋时视线处于阴影区域，使用安全性和舒适性差。

改造后

根据进深，设置多个顶光源，消除通行阴影，同时在置物台、鞋柜等区域利用 LED 灯带设置局部照明。

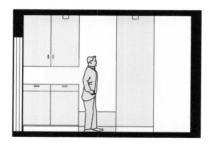

不同入户空间类型的灯具布置

可根据空间布局合理布置灯具：
① 当平面净深不大于 2.00m 时，可在顶棚中心布置吸顶灯或吊灯；
② 当平面净深大于 2.00m 时，可设置一排筒灯或者射灯，形成均匀的整体照明，同时在鞋柜、置物台等位置可用 LED 灯带作为补充照明。

枢纽型入户空间　　　门厅型入户空间　　　通过型入户空间

墙地面与门窗：地面材质

地面材料适老性不足

现存问题： 地面易被从室外带回的灰尘、泥土以及雨水等污染，大量家庭选用地垫作为隔离，但地垫滑动易导致老年人摔倒。部分入户过渡空间地面材料选用抛光砖、花砖等材质，也会影响老年人安全。

改造方法： 选用耐污、防滑、防水的地面材料，并结合家具布置达到分隔空间和日常清洁的目的。

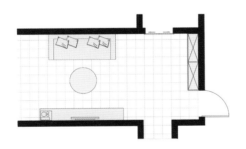

改造前　成都市某小区　1995 年建成　板式住宅

改造前

地面材料为深色花岗岩，容易产生眩光，引发危险。

改造后

在入口更换耐污、防滑、防水、易清洁的地面材料，结合家具布置区分室内外空间，使入户空间作为室内空间的隔离过渡区。

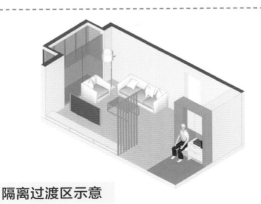

隔离过渡区示意

地砖　金属收口条　石材

地面材料设置要点：

① 选用耐污、防滑、防水的地面材料；

② 通过地面材料变化和家居部品的布置，达到分隔入户区、污染区和清洁区的目的；

③ 地面材料交接处，应保证平整，避免产生新的高差，对老年人通行造成影响；

④ 当使用地垫时，应注意地垫的附着性，避免滑动和起翘。

3.3　起居室（厅）

对老年人起居室（厅）进行适老化改造设计时，应考虑老年人通行、活动、交谈、待客、与家人团聚等行为的空间需求。

起居室（厅）功能分区主要包括交通区域和功能区域。

◆ **空间设计**
 – 空间尺度
 – 空间功能
 – 沙发及茶几

◆ **光环境**
 – 自然采光
 – 照明与控制
 – 插座开关

◆ **墙地面与门窗**
 – 地面材质
 – 窗

老年人对起居室（厅）的需求

　　起居室（厅）的活动内容与方式不仅与家庭人员构成有关，也同老年人的生活习惯以及兴趣爱好相关。因此，在对起居室（厅）进行适老化改造时，应充分考虑老年人的多样化需求而对症下药。

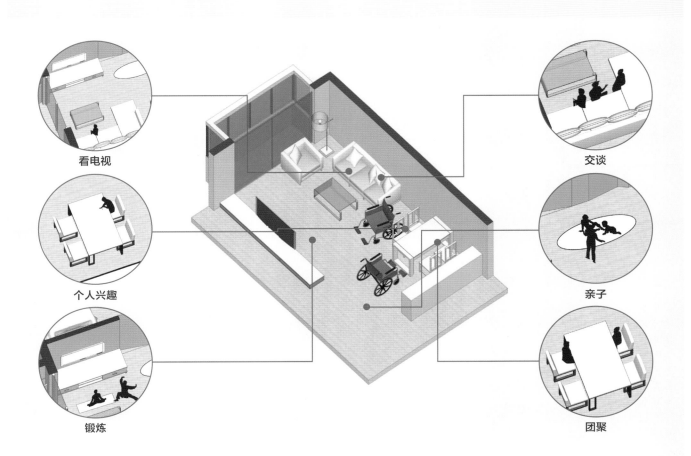

看电视

个人兴趣

锻炼

交谈

亲子

团聚

空间设计：空间尺度

改造前　广州市某小区　1994 年建成　板式住宅

起居厅尺度不适宜，利用率低

现存问题：部分住宅中，客厅进深面宽比不合理，造成空间浪费、使用不便等问题。

改造方法：通过调整空间及家具布置方式，丰富空间功能，提高空间利用率，满足老年人的多样化需求。

改造前	**改造后**	**改造前**	**改造后**
起居空间进深较大，靠窗处空间未得到充分利用，书桌布置在空间深处采光较差。	根据老年人需求，从进深方向将空间划分为阅读区、会客观影区和娱乐健身区。	交通空间过大，造成空间浪费的同时沙发与电视之间视距不合理，影响老年人观影。	可以利用沙发、书桌等部品将起居厅空间重新划分为阅读和观影区域，满足多功能使用需求。

  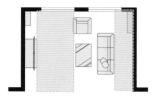 

---

① 大进深起居厅布置示意

对于进深较大的起居厅，可横向划分空间，优先将阅读、书画等功能放置在光照好的区域，有条件的区域可设置健身娱乐空间。

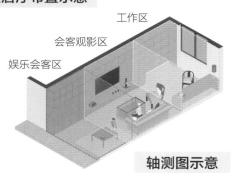

工作区
会客观影区
娱乐会客区

轴测图示意

② 大开间起居厅布置示意

对于开间较大的客厅，可从纵向上划分空间，利用沙发、隔断桌、书柜等家具将大空间小型化，赋予不同功能，使空间氛围更温馨。

工作娱乐区
会客观影区

轴测图示意

空间设计：空间尺度

改造前 南京市某小区 1990年建成 板式住宅

通行宽度狭窄

现状问题： 轮椅老年人对空间通行宽度的要求更高，而部分老年人家中的起居厅交通空间狭窄，难以满足老年人的通行需求。

改造方法： 当家中老年人需要使用助行器或轮椅时，需将交通空间作为重要考虑对象。利用矩形、L型、T型等直角多边形回转空间，有效节省交通面积的同时，满足老年人通行尺度，并选择合适尺寸的家具部品对其他空间进行布置。

改造前

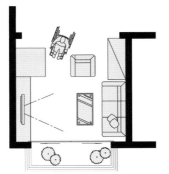

交通空间较为零碎，通行宽度狭窄，不满足轮椅老年人的通行需求。

改造后

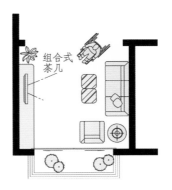

组合式茶几

对交通空间进行整合，将原有布局简化为更紧凑的直线型布局，在茶几与电视中间为轮椅老年人预留至少800mm的通行宽度，并预留轮椅观影区域。在此基础上选择灵活的家具，方便后期调整。

轴测图示意

轮椅通行空间

下方有滚轮，方便移动

灵活可动的家具示意

空间较为局促时，可采用灵活可动的家具，提升对空间使用需求的适应性。

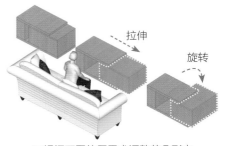

拉伸

旋转

可根据不同使用需求调整茶几形态

空间设计：空间尺度

改造前　北京市某小区　2000年建成　板式住宅

观影距离不适宜

现存问题： 部分住宅的起居厅，由于布局不合理或尺度不适宜等原因，造成沙发与电视位置不方便老年人观看的问题，容易加大老年人观影过程中颈部压力。

改造方法： 通过视线设计，调整观影方向、沙发与电视的视距，形成兼顾正面观影和聊天会客的多重功能空间。

改造前

沙发并未形成良好的对话空间，且与电视位置成斜角方向，老年人观看时舒适度差，极易疲劳。

改造后

首先规划合理的观影视距，以此调整电视与沙发的摆放位置，并选择更为集约的L型沙发代替以往分散的布置形式，形成更良好的对话空间。

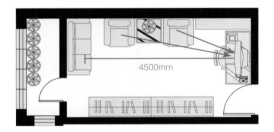

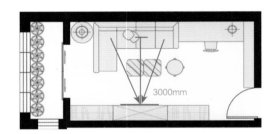

电视机位置与老年人距离关系

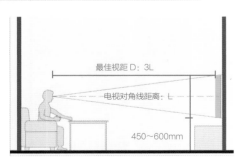

① 电视机的高度宜与老年人坐姿实现高度相平或略高；
② 以平板电视为例，国际无线电咨询委员会（CCIR）的推荐最佳观看距离D应该为电视屏幕对角线距离L的3倍；
③ 对于老年人来说2~3m是比较合适的观看距离。

轴测图示意

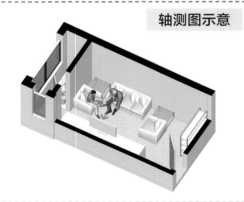

空间设计：空间功能

改造前 北京市某小区 1992年建成 板式住宅

储藏空间不足

现存问题： 起居室中书籍、电器等生活物品的使用频率较高，但缺少适宜的储藏空间，导致生活物品堆砌，影响老年人使用。

改造方法： 充分利用边几、餐边柜、电视柜等家具，营造多样化的储藏空间，满足老年人储藏和使用的需求。

改造前

起居厅与餐厅合用，交通空间面积较大，造成空间浪费；同时，因为缺少适宜的储物空间，茶几上摆放杂乱。

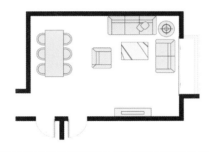

改造后

充分利用墙面设置电视柜、展示柜，结合餐桌布置餐边柜，储藏面积增加约10m³；同时，在沙发附近设置边几，便于存放药品等小件物品。

- ▨ 边几
- ▨ 电视柜
- ▨ 餐边柜

起居厅的储藏设计要点：

① 利用边几及茶几存放老年人常用物品如药品、血压计等；
② 利用电视柜作为展示柜和书柜，丰富储藏内容；
③ 当起居厅与餐厅合用时，可设置餐边柜，方便老年人存放餐具及一些小件的厨房用品及电器；

④ 储藏柜的设计宜采用格架的形式，方便老年人能看见储藏的物品，不容易遗忘；
⑤ 对于轮椅老年人的储藏柜下部宜适当向里收缩，方便轮椅进入；
⑥ 储藏柜的收纳尺寸应丰富多样且经过合理设计，台面方便老年人搀扶；
⑦ 储藏柜高部位置应存放不常用且较轻的物品。

轴测图示意

空间设计：沙发及茶几

改造前　成都市某小区　1990 年建成　板式住宅

沙发茶几不便于老年人起身

现状问题：沙发及茶几的尺度不适宜会造成老年人在使用时腰部的负担增加，特别是坐面较软的沙发表面容易凹陷，导致老年人起身困难。

改造方法：避免选用坐面较软的沙发，沙发深度不宜过深，保证平坐时小腿能自然垂到地面，且茶几高度宜略高于沙发坐面高度，便于老年人借助茶几起身。有条件的可在沙发一侧设置起身扶手。

改造前	改造后	改造前	改造后
老年人在沙发休息时，沙发过深且身边缺少助力工具，难以起身。	增加支撑性的边几或者起身扶手，帮助老年人借力起身。	茶几过矮，老年人需探身取物，较为费力。	更换高度略高于沙发的茶几，方便老年人探身取物的同时起身搀扶。

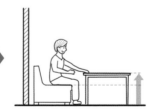

透视图示意

透视图示意

光环境：自然采光

改造前　成都市某小区　1997 年建成　板式住宅

自然采光不足

现状问题： 由于空间进深较长、缺少直接采光、楼层较低等原因，部分住宅的起居室自然采光不足，日间较为昏暗。

改造方法： ① 针对起居室进深过大或非开放式阳台引起的光线不佳的问题，有条件时可扩大阳台与起居空间墙洞尺度；② 针对起居空间无直接对外采光的情况，可通过设置采光窗和采光隔断的方式，结合人工照明提升室内亮度。

改造前

起居空间与阳台为门联窗，采光面积较小。

改造后

在确认工程可行的前提下，扩大墙洞尺寸，改门联窗为玻璃推拉门，室内可采用镜面柜反射室外自然光线。

轴测图示意

900mm

2400mm

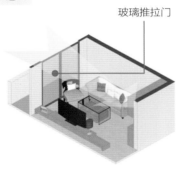

玻璃推拉门

改造前

起居空间缺少直接采光，白天只能借助其他房间的采光，屋内光线较暗。

改造后

在起居与卧室以及入户过渡空间的隔墙上分别安装采光窗和采光玻璃，同时合理设置照明作为补充。

轴测图示意

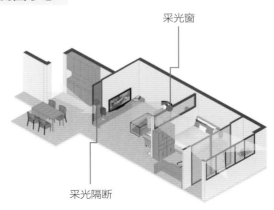

采光窗

采光隔断

光环境：照明与控制

改造前 成都市某小区 1995年建成 板式住宅

人工照明设置形式单一

现状问题： 起居室是家庭团聚和老年人日常活动的场所，仅设置单一照明，难以满足聚会、阅读、绘画等不同场景下的照明需求。

改造方法： 在整体照明的基础上搭配局部照明，利用立灯、边几灯、落地灯等多种不同的灯具为老年人创造多样的灯光场景。

改造前

起居空间只设置吊灯，不仅资源浪费，还存在局部照度不够，氛围单一等问题。

改造后

使用多灯分散布置，通过不同的调光组合实现多元的灯光场景。聚会时，以整体照明为主使用主灯和筒灯营造明亮的氛围。

看书休闲状态时，可以任务照明为主，开启落地灯，辅以筒灯烘托氛围。

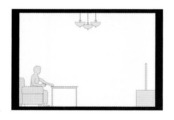

起居厅灯具的选择与布置

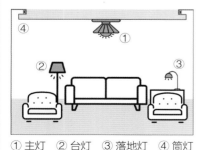

① 主灯 ② 台灯 ③ 落地灯 ④ 筒灯

起居厅灯具的选择可采用主灯、落地灯、台灯、筒灯等，依照不同的场合合理调整不同灯具的亮度及色温。

穿行型起居厅

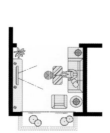

独立型起居厅

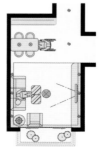

功能复合型起居厅

光环境：插座开关

改造前 上海市某小区 2012年建成 塔式住宅

照明开关位置不便于使用

现存问题： 由于各区域照明灯具开关位置设计分散，导致开关灯流线迂回反复，不便于老年人日常使用。

改造方法： 确认工程可行的前提下，在起居空间的入口处、沙发旁增设双控照明开关，方便老年人使用。

改造前

起居空间开关控制较少，背景墙照明位于电视后方，主灯位于沙发旁边，入户照明开关位于餐桌旁，灯具控制开关处于多个位置，老年人操作不便。

改造后

在确认工程可行前提下，通过电气改造，在电视后方与沙发旁设置主灯的双控开关，在户门入口处及餐桌旁设置入户灯的双控开关，简化老年人活动流线，便于老年人操作。

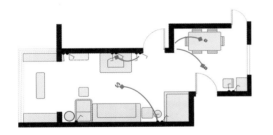

适老开关高度

中国院适老建筑实验室研究结果发现：① 对于轮椅老年人：合适的开关高度为0.6~0.8m；② 对于站立老年人，照明开关高度在0.9~1m为宜；③ 开关面板宜选用大面板开关，主灯采用双控开关，为老年人提供便利。

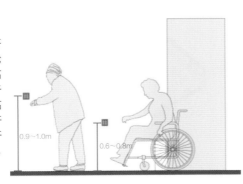

0.9~1.0m

0.6~0.8m

轴测图示意

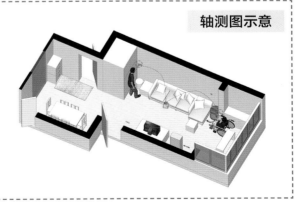

光环境：插座开关

改造前　武汉市某小区　1995 年建成　板式住宅

电器插座数量与位置不方便使用

现存问题： 随着家用电器的增多，部分老旧住宅存在插座数量不足、插座位置不方便使用等问题。

改造方法： ① 当插座数量不足时，可增设可移动电力轨道插座，提高插座适应性；② 有条件时，可适当抬高低位插座高度，减轻老年人弯腰负担。

改造前

起居室内只有电视机处设有插座，插座数量设置不足，老年人只能通过插线板延长电源接口，满足热水壶、电风扇等的使用。

改造后

在沙发旁、电视机后、餐桌旁、餐边柜等处增设插座，同时选用高低位插座避免老年人弯腰过度。

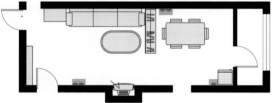

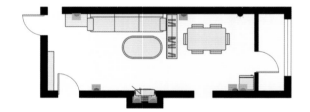

起居厅插座布置

由于起居厅中需要布置的电器较多，有电视机、路由器、光猫、吸尘器、电扇、空调等，起居厅需要布置的插座可能需要在 10～15 个左右，电视机和沙发处可多设置插座。

使用需求	电器类型
娱乐类	电视、路由器、光猫
卫生类	吸尘器、扫地机器人充电站
生活类	电扇、冰箱、咖啡机、热水壶、饮水机、取暖器、空调、除湿机、空气净化器
智能类	智能网关、智能套装
健身康复类	康复锻炼器械

轴测图示意

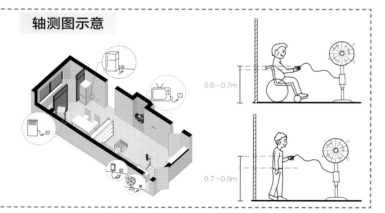

0.6～0.7m

0.7～0.9m

墙地面与门窗：地面材质

改造前　北京市某小区　2002年建成　塔式住宅

地面材料使用不当

现状问题： 部分瓷砖地面存在防滑性能较差，表面反光易导致眩光等问题；此外，局部铺设的地毯边角易起翘，极易造成老年人摔倒。

改造方法： ① 根据老年人的生活需求，选用吸音、耐磨、防滑、易清洁等性能较为突出的地面铺装材料；② 取消局部地毯的铺设，并注意地面不同材质衔接处理，避免产生凸起引发危险。

改造前

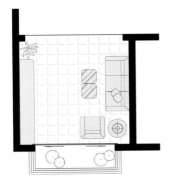

起居室铺设抛光砖、大理石等材质，防滑性能差，且地面材质坚硬，老年人跌倒，容易受到伤害。
同时，阳光照射时易发生眩光。

改造后

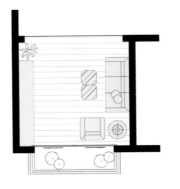

更换为吸音、耐磨、防滑性能较高的塑胶卷材地板。

起居空间地面材料选择及架空木地板安装示意

采用架空木地板，施工方便快捷、同时便于线路改造，适用于改造项目。

① 起居空间的地面材质应选用硬度适中具有一定缓冲性能、防滑防涩、不易发生形变、易清洁打扫的铺装材料；② 地板的色彩不应选用过于鲜艳的颜色，不应采用细碎的图案花纹；③ 地板面层宜采用较低的光线反射率，避免形成局部眩光。

轴测图示意

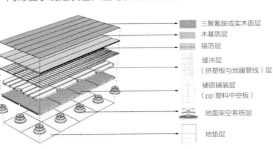

三聚氰胺或实木面层
木基质层
锡箔层
缓冲层（挤塑板与地暖管线）层
硬质铺装层（pp 塑料中空板）
地面架空系统层
地垫层

墙地面与门窗：窗

改造前 哈尔滨市某小区　2000年建成　塔式住宅

090

室内外保温隔热效果弱

现存问题： 在严寒地区，当起居室与阳台连通时，室外的冷空气易进入室内，影响老年人生活。

改造方法： ① 通过空间屏障的设置，减少阳台与相邻空间的空气流动，降低气温变化影响；② 选用强密闭性的门窗部品，以提高室内保温性能。

起居室与阳台连通，起居室温度易受到室外环境影响。

在阳台设置隔断门，当白天隔断门开启时，可加强室内采光通风，提升起居室舒适度。

当夜间隔断门关闭时，阻断阳台过冷的空气，起到保温、防尘等作用。

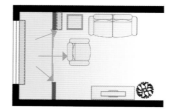
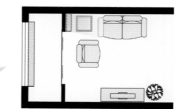

改造前　⬜ 暖气片

改造后

轴测图示意

在气候条件不稳定，室内外环境昼夜温差大的地区，需要留意阳台的保温、遮阳等问题：

1. 提高阳台自身的保温性。 优先选用密闭性较高、导热性偏低的门窗部品，例如强密闭性的双层中空玻璃等，以确保保温节能效果。此外需留意门窗部品的采光性、气密性、隔音性等指标。

2. 设置隔断门，以调节室内热环境。 通过昼夜阳台隔断门形式的错时利用，可起到改善室温，遮阳、阻挡风沙灰尘等多重作用。

部品种类	开启方式	注意事项 （已省略有关无障碍行为设计的相关规定）
阳台门	推拉门	门扇宜采用大面积透光材质，应选择钢化玻璃等不易碎的材料
外窗	复合开启窗	有条件可采用下悬内倒和内屏开复合的开启方式，以调节室内风量；建议选用双层中空玻璃等保温隔热性能较为突出的外窗材料

3.4 卧室

对老年人卧室进行适老化改造设计时，应考虑老年人睡眠、储藏、护理、通行等行为的空间需求。

卧室功能分区主要包括睡眠区、储藏区、护理区和通行区。

◆ 空间设计
– 空间尺度
– 空间功能
– 储藏柜
– 支撑物
– 防撞设施
– 紧急救助

◆ 声环境
– 噪声

◆ 光环境
– 照明环境
– 插座开关

◆ 墙地面与门窗
– 地面材质
– 门、窗

老年人对卧室的需求

　　对于大多数人来说，卧室主要提供睡眠、更衣、阅读等功能，但老年人对卧室的使用需求更加多样，如夫妻为了减少相互影响，会分床睡；部分不能自理的老年人需要护理陪护；使用助行设备的老年人需要更宽的通道。因此，在进行适老化改造时，应考虑老年人多样化的需求进行针对性的设计。

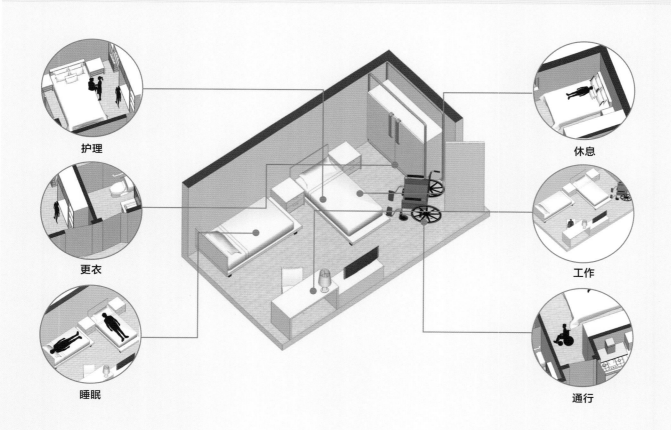

护理

更衣

睡眠

休息

工作

通行

空间设计：空间尺度

改造前　南京市某小区　1998 年建成　板式住宅

卧室交通空间不足

现状问题：由于卧室空间狭小，其交通空间难以满足老年人使用助行设备通行，易发生磕碰。

改造方法：通过调整卧室布局，营造更完整的交通空间，满足老年人使用助行设备需要。

改造前

原有的 U 型交通空间床边较为狭窄，流线较长，不便于老年人使用辅具通行。

改造后

通过调整家具布局，将原有较为局促的交通空间改为更为集中的 T 型，缩短交通流线的同时扩宽了通行宽度，提升空间利用率。

使用不同助行设备老年人所需通行宽度示意

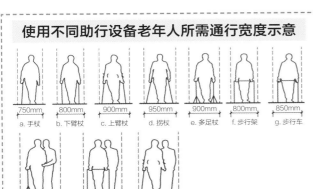

不同轮椅转弯所需空间示意

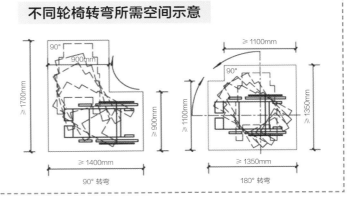

空间设计：空间尺度

改造前 天津市某小区 1998年建成 板式住宅

094

空间局促不便于康复护理

现状问题： 为老年人预留日后护理或康复所需要的空间十分重要，部分住宅床边空间十分局促，失能老年人难以开展护理与康复训练活动。

改造方法： 护理与康复行为多集中在卧室，为了便于开展长短期床边护理，可采用分床形式，预留床边空间，实现护理活动及轮椅回转。

改造前	改造后	改造前	改造后
床临空一侧空间有限，不便于内侧老年人上下床，也不便于进行护理。	通过分床布置，满足双侧护理需求。	老旧住宅中卧室空间有限，布置双人床，不便于护理人员夜间陪护。	通过布局的调整，设置2个单人床，便于照护并避免互相干扰。

  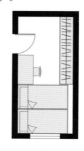 

护理空间设置要点

▶入口位置

① 对于需护理的老年人，最好选择宽度为1.2m的单人床，应至少保证床一侧留有走道，方便护理人员护理或轮椅驶入；
② 床边设置护理用产品放置及储藏区域，床头安装紧急呼救装置，保证老年人在床头触手可及。

不同类型卧室护理空间布局示意

≥1600mm ≥600mm

a. 单人间卧室案例一

≥600mm ≥1600mm

b. 单人间卧室案例二

≥1200mm

c. 单人间卧室案例三

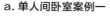

≥400mm ≥900mm

d. 双人间卧室案例一

≥1600mm ≥600mm

e. 双人间卧室案例二

f. 双人间卧室案例三

空间设计：空间功能

改造前 南京市某小区 1998 年建成 板式住宅

缺少储物空间

现状问题： 卧室中衣物、配饰等生活物品的储物需求较高，但部分卧室中由于储物空间不足，造成物品杂乱摆放，存在安全隐患。

改造方法： ① 卧室空间较为宽敞时，可通过增设单独的储藏区域，如储藏间等，提高空间储藏量；② 当面积有限时，需通过精细化的储藏设计，见缝插针的增加储藏量。

改造前

杂物堆叠放置堆砌，影响床头光线同时有安全隐患。

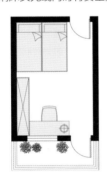

改造后

系统了解储藏需求，估算储藏量，再相应增设衣柜及书柜，并确保储物柜旁的通行宽度。

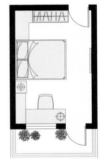

储藏区域的空间布局

① 外开衣柜	② L 形衣帽间	③ 双列式衣帽间	④ U 形衣帽间
≥600mm	≥800mm	≥900mm	≥900mm

一种内嵌充电接口的桌子：结合两侧床的储物柜和办公功能

1. 设置步入式衣帽间： 当空间较为充裕且对储藏需求量大时，可设置独立的储藏空间，如步入式衣帽间等，以便储藏衣物、箱包等物品。

2. 分散增设各类储藏柜： 可根据老年人在不同区域的需求，灵活合理地设置储藏空间，如设置床头柜以存放药品、日常健康监测工具等。

空间设计：储藏柜

改造前　广州市某小区　1992 年建成　塔式住宅

储藏空间不方便老年人使用

现状问题： 卧室中的储藏空间主要存在储藏柜空间尺度设计不合理，难以存放如被褥等大件物品，储藏柜高度不适宜，老年人难以够及等问题。

改造方法： 合理规划储藏空间位置，可将老年人使用频率较高，空间占用小的物品，如药品、血压仪等存放在床头柜，将棉被、衣物等大件物品存放于衣柜中，衣柜中可设置感应照明便于老年人识别衣物。

改造前

卧室内衣服存放杂乱，增加老年人取物负担。

改造后

将生活物品进行竖向归类，根据取放频率及老年人身体状态规划分区，将使用频率较低的物品放在高低柜中，使用频率较高的物品放在中部柜，选用内部带可升降杆的衣柜，便于老年人根据自身需求自由调节衣架高度，轻松取物。

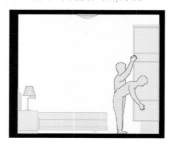

方便老年人进行储藏的空间示意

由于老年人可够及高度随着身体状态变化而改变，建议采用可上下移动的隔板方便老年人根据身体状态进行调整，以适应取物需求。

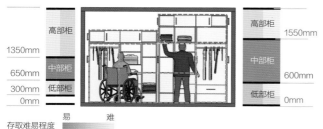

高部柜　1350mm　中部柜　650mm　低部柜　300mm　0mm

高部柜　1550mm　中部柜　600mm　低部柜　0mm

存取难易程度　易　难

可存放较轻或不常用物品，例如过季衣物、棉被、靠垫、毛绒制品等；可做成左右连通的格

存放物品相对方便，但储藏量有限，可放置当季衣物、内衣、帽子等常用物品；可采用衣架、抽屉、格等储藏形式

可存放较重或不常用物品，例如过季衣物、杂物箱等；可采用抽屉形式，以防止灰尘进入

分类	储藏空间要求
外套	羽绒服、夹克、西服等建议保留 700～1400mm 悬挂尺寸
裤装、裙装	正装裤可保留 600～800mm 悬挂尺寸；休闲裤可折叠放置
上衣	休闲衣物可折叠或卷放放置；正装上衣宜悬挂放置
内衣	均可折叠放置于抽屉中
袜子	可翻折放于抽屉中
床上用品	床单、被套等，可根据使用频率折叠存放
配饰类	箱包、帽子等可立放或悬挂；手套、围巾等卷放或悬挂放置
其他物品	生活杂物可放置于储物箱中，以便分类整理

空间设计：支撑物

改造前 北京市某小区 1998年建成 板式住宅

通行及起坐过程中缺少可靠支撑

现状问题： 部分老年人随着下肢力量的减弱或疾病等原因日常行走时步态不稳，易摔倒。因此需要在其通行路线以及起床、上下床时设置支撑，方便老年人搀扶。

改造方法： 可通过家具的摆放，在老年人从卧室门口到床边的通行路线上提供"隐形支撑"；如确有需要时，可在必要部位设置扶手，方便老年人撑扶。

改造前

辅具设备难以进入卧室，且卧室通行区域缺少有效支撑。

改造后

确保通行过程中，在可够及范围内设置带有可撑扶的家具。

改造前

老年人独自上下床较为吃力，缺乏支撑构件。

改造后

设置床边助力扶手，协助老年人上下床。

卧室支撑设置要点

① 在通行、转弯、起坐等区域可利用家具为老年人提供连续搀扶面作为"隐形支撑"；

② 床头柜高度略高于床榻高度，或床边设置助力扶手产品，以便起坐时作为就近支撑物；

③ 选用带床尾板的床，方便老年人行走时搀扶。

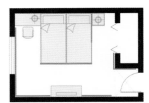
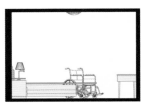
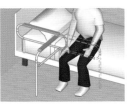

| 通行区设置连续搀扶面 | 床头柜高度略高于床榻 | 床边设置助力扶手产品 | 选择带床尾板的床 |

空间设计：防撞设施

改造前 广州市某小区 1993年建成 板式住宅

卧室空间局促易发生磕碰

现状问题： 老年人更易因碰撞而受到伤害，甚至引发跌倒，当卧室空间布置拥挤、通行流线转折较多、家具转角较为尖锐时，问题尤为突出。

改造方法： ① 保障顺畅且充足的通行空间；② 在卧室的床具、床头柜、衣柜边角等尖锐突出处合理安装不同形式的防撞装置，例如上置/下置式防撞条、两面/三面防撞角；③ 家具材质可选用更柔软的材质。

改造前

房间内部家具布置杂乱，老年人活动路径中转角较多，木质家具尖锐角，在行走过程中极易发生磕碰。

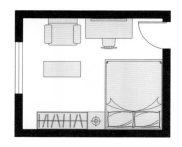

改造后

消除通行路线上存在的障碍物，保证流畅宽敞的通行空间；选择圆角家具，必要时可通过安装防撞角或防撞条减轻碰撞带来的伤害。

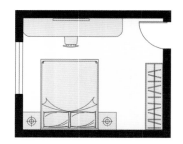

防撞条安装位置示意

在墙面阳角处设置防撞条，不仅可以避免老年人受伤，当需要使用轮椅时也能够保护墙体。在家具转角处设置防撞角，具体位置如下图示意：

不同防撞条的形式：
上置、下置

软包家具示意：以皮质、布艺等为主

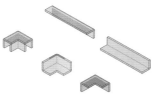

不同防撞角样式：
两面、三面

空间设计：紧急救助

改造前　北京市某小区　1988 年建成　板式住宅

部分老年人需要紧密看护

现状问题： 对于失能或半失能老年人，随时有从床上跌落或生理指标异常的风险，需要更紧密的看护。因此，对于其日常身体状态和夜间睡眠的监测尤为重要。

改造方法： ① 床两侧增设护栏；② 使用护理床；③ 床两侧留有充足护理空间；④ 通过增设离床报警设施与智能睡眠监测设备等及时把握老年人状态，全方位保证老年人生活需求与安全。

改造前

对于卧床老年人，床边缺少对老年人身体状况、离床状态的监测以及紧急救助装置，难以及时发现危险。

改造后

① 半失能老人或失能老年人可考虑使用护理床减轻护理负担，可配置离床报警设施及睡眠监测床垫、手环等，及时获取老年人状态；② 在床边增设护栏以防老年人意外跌落。

透视图示意

床边设备设施：

1. 健康监测：
① 紧急呼叫系统
② 离床报警护理带
③ 睡眠监测床垫
④ 身体体征检测

2. 智能家居：
① 床旁安抚机器人

3. 控制设备：
① 床旁家居控制面板
② 滑动式插座电源
③ 紧急救助按钮

4. 环境调节：
① 灯光控制系统
② 温湿度控制系统
③ 智能窗帘系统

智能手环

心率监测仪

体征监测仪

智能床垫

机器人

声环境：噪声

南京市某小区　1996年建成　板式住宅

卧室隔声差

现状问题： 当卧室临街或卧室与客厅相邻时，老年人休息容易受到外界噪声影响，特别是部分住宅门窗较为老旧，隔声能力较差，导致老年人休息睡眠质量差。

改造方法： 可通过调整卧室家具布局、更换门窗材质、增加密封装置等方式加强卧室隔声性能，保证老年人的休息质量。

改造前

床与卫生间水管及客厅电视的距离较近，老年人易受水管流水声及客厅电视声、聊天声影响，无法正常休息。

改造后

调整卧室布局，将床远离噪声源，同时对卫生间管线外增加包裹吸声材料，减少噪声。

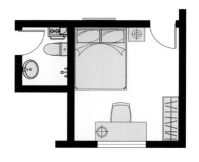

隔绝室内噪声要点

开平门

推拉门

折叠门

门芯： 就隔声效果来讲，平开门＞推拉门＞折叠门，老年人卧室门应尽量选择厚重密实的材质结构，例如实木门芯、实木复合门芯、桥动力学板。

门缝： 门与上门框的距离应不大于2mm，与地面的距离在5~8mm之间，这样既不会让太多的声音传入，也为卧室门预留了足够的活动空间。

后期密封： 选用密封条、隔音棉、毛毡等改善卧室门隔声差的问题。

隔绝室外噪声要点

卧室窗： 可选用气密性良好的胶垫封条密封多层玻璃平开窗，或用密封条填充推拉窗窗间缝隙，提高隔声效果。

其他方式：
① 粗糙墙壁：可选用壁纸、壁布、硅藻泥等材料使墙壁表面粗糙，达到吸声效果；
② 木质家具：木质家具材质疏松多孔，可以有效吸收噪声；
③ 厚重窗帘：布艺织物可降低噪声并遮挡光线；
④ 绿植：一些植物可起到吸声作用，如龟背竹、绿萝、常青藤、秋海棠、菊花等，可在窗台放置。

光环境：照明环境

改造前 成都市某小区 1998 年 板式住宅

卧室缺少辅助照明

现状问题： 部分卧室照明只设置了主灯，缺少辅助照明，造成老年人夜间阅读不便、局部视物不清、起夜难以看清地面等问题，影响老年人居住舒适度。

改造方法： ① 保证整体照明充足；② 根据不同活动场景设置多样照明环境，例如床头上方设置阅读灯满足老年人睡前阅读习惯，设置夜灯满足老年人起夜需求。

改造前

缺少辅助照明，夜间老年人起夜难以看清地面。

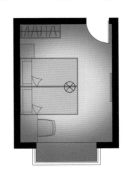

改造后

床头上方增加护眼阅读灯，床边及房间门口增设低位感应夜灯。

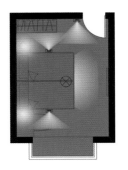

卧室照明设置要点

① 卧室主灯应避免直射床头；
② 根据老年人起夜路线，在床沿、床尾、房间转角处、卧室入口等设小夜灯，夜灯的设置宜避免直射床头，影响老年人休息；夜灯宜安装在距地 300～400mm 处，为了避免眩光，应使用漫反射式脚灯。

效果图示意

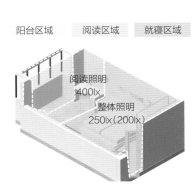

阳台区域　阅读区域　就寝区域

阅读照明
400lx

整体照明
250lx（200lx）

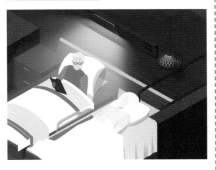

光环境：插座开关

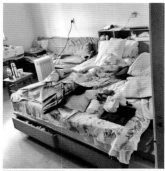

改造前　广州市某小区　1998 年建成　板式住宅

卧室电器开关插座不满足使用

现状问题： 随着家用电器种类的丰富及老年人护理需求的增加，卧室存在插座数量不满足使用需求，插座高度不便于老年人使用等问题，同时床头未设计灯具开关，夜间就寝时关灯不便。

改造方法： ① 插座：根据使用需求设置不同高度插座，如安装低位插座方便吸尘器、加湿器等电器的使用；② 开关：于床旁设置多点控制开关，方便老年人上床后控制灯光。

改造前

加湿器、电风扇、智能语音助手等电器的使用，导致卧室电线混乱，影响老年人通行。

改造后

① 在床头上方设置可移动插座，方便夜间手机充电与智能摄像头、呼吸机等电器的使用；
② 床头两侧设置多点控制开关；
③ 设置低位插座满足吸尘器、加湿器、人体感应夜灯等电器的使用。

部分老年人在卧室中使用的电器

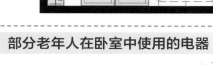

人体感应夜灯

智能音箱

智能摄像头

加湿器／除湿机

呼吸机

床头呼救器

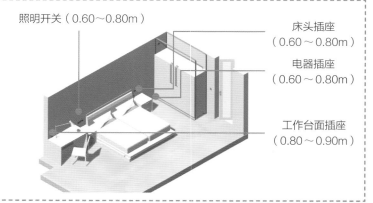

照明开关（0.60～0.80m）

床头插座
（0.60～0.80m）

电器插座
（0.60～0.80m）

工作台面插座
（0.80～0.90m）

墙地面与门窗：地面材质

地面材料适老性不足

现状问题： 部分住宅的卧室地面采用水泥、瓷砖等材料，存在表面平整度不足、地面防滑性能较差、冬天足底部触感寒冷等问题。

改造方法： ① 选用吸音、耐磨、防滑、易清洁等性能较为突出的铺装材料；② 注意地面不同材质衔接处避免产生新的高差。

改造前 西安市某小区 2006 年建成 板式住宅

改造前

水泥、瓷砖等材质的地面防滑性能有限。

改造后

更换为具有吸音、耐磨、防滑性能的适老木地板。

改造前

地毯表面凹凸不平，且容易移动，不仅难以清洁、还易引起老年人摔倒。

改造后

将地面整体更换为表面平整的纺织制品，不易刮灰，不易剐蹭。

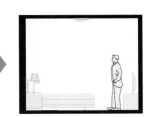

地面装修材料	特性及使用上的注意事项
地毯	触感及防滑隔声性较佳，不耐脏，不易清洁；需要注意防火、防污和耐磨性能
木地板	触感较好，易清洁，防滑防污性能一般，隔声性能不足；若使用对木地板不适合的木地板蜡，可能导致地板变滑，需注意
塑料类地面 塑胶类地面	触感较好，易清洁，防滑隔音能较好；需选用遇水之后也不会变滑的产品
地砖	质地坚实，耐磨，易清洗，防滑性能不足

选用抗菌防霉性能强的地面材料。

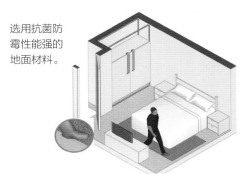

不同材质交界处地面应避免产生新的高差，降低老年人绊倒风险，当使用地毯时，应使地毯牢牢粘固于地面，避免滑动。

墙地面与门窗：门、窗

门窗形式不适宜

现状问题： 随着年纪增大以及身体状况的变化，老年人对轮椅的使用需求增加。卧室存在门洞较窄不满足轮椅通行需求或使用拐杖／助行架通行时易发生碰撞等问题。

改造方法： 在工程可行的前提下，适度扩宽门洞满足老年人与照护人员并行的通行需求。在选择门时宜考虑可双向开启，且把手末端应向门侧弯曲。

改造前

卧室入口狭窄、向内开启，难以满足轮椅通行需求。

改造后

拓宽卧室门洞宽度为900mm，保证有效通行净宽为800mm，将卧室门更换为外开门，便于急救。

老年人卧室门选型要点：

① 卧室门应选用轻便且易开闭的类型；
② 门把手应选择易施力的形式，把手末端应回弯，不能有尖锐棱角，门把手距门扇边缘不得小于30mm，门把手中心点距地面高度以900~1000mm为宜，材质应手感温润，光滑易握避免使用球形门把手。

双向开启折叠门示意

当飘窗把手较高时，老年人难以够及，操作困难，宜将窗把手调低，方便老年人开关窗。

3.5　厨房

对厨房进行适老化改造设计时，应考虑老年人储藏、洗涤、操作、烹饪、通行等行为的空间需求。

厨房功能分区主要包括洗涤区、操作区、烹饪区、储藏区和通行区。

◆ 空间设计
- 空间尺度
- 空间流线
- 橱柜
- 紧急救助

◆ 光环境
- 人工照明
- 插座开关

◆ 墙地面与门窗
- 地面材质
- 门窗形式

老年人对厨房的需求

对厨房进行适老化改造设计时，首先应确保老年人能够安全、独立地进行操作；其次应做到省力、高效地支持老年人完成力所能及的活动，从而提升其自主生活的信心。因此，厨房的改造设计除考虑自理老年人储藏、洗涤、操作、烹饪、通行就餐等行为的空间需求以外，还应考虑轮椅老年人进行简单取物或操作的可能性、取餐流线的便利性、取放储藏物品的安全性。

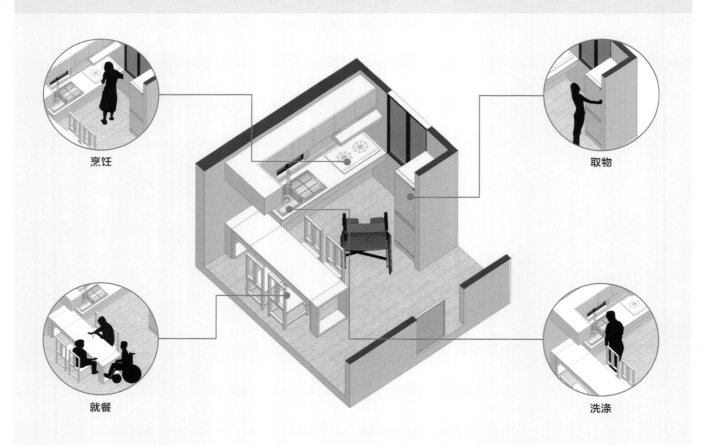

烹饪

取物

就餐

洗涤

空间设计：空间尺度

改造前　石家庄市某小区　1998 年建成　板式住宅

操作空间过窄不方便使用

现状问题： 部分住宅厨房设计之初仅考虑了洗手池、灶台等空间大小，缺少对周边操作空间的考虑，导致操作空间较窄、操作流线不畅、操作流线反复等问题。

改造方法： ① 根据烹饪需要，合理设置厨房各个操作区域的宽度；② 对于空间实在有限的情况，增设可折叠操作台，方便临时使用。

107

改造前

洗涤池与灶台间操作台面空间狭小，难以使用。

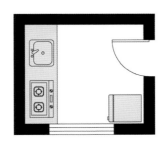

改造后

根据"取、洗、切、炒"的顺序合理布置厨房操作空间，并在灶台、洗手池旁设置装盘区、清洁区，方便使用。

灶台（炒菜＋装盘）

操作台 | 洗涤池（洗碗＋清洁）

厨房操作区域改造注意事项：

● 根据调研及实验发现，操作区的宽度以 800mm 为宜。当宽度小于 600mm，难以进行切菜，备菜等一系列操作，当大于 1000mm 时，宽度过宽，老年人需来回准备，使用不便；

● 灶台一侧到墙边的距离，宜大于 300mm，以便装盘上菜；

● 水槽一侧到墙边的距离，宜大于 300mm，以便放置清洁用具以及餐具沥水。

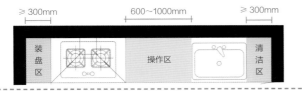

| ≥300mm | 600~1000mm | ≥300mm |
| 装盘区 | 操作区 | 清洁区 |

轴测示意图

根据空间现状比例选定厨房适用的操作台形式，并满足以下注意事项：

1. 按照操作流程布局

参照"取，洗，切，炒"等炊事操作流程，合理规划冰箱、洗涤池、准备台及灶台的顺序。

2. 操作台连续布局

冰箱、洗涤池与灶台间设置不间断台面，以便开展持续操作。

3. 确保操作空间充裕

当空间狭小无法满足时，可增设折叠操作台，以便放置物品。

空间设计：空间流线

改造前 北京市某小区 1988 年 板式住宅

厨房操作流线不顺畅

现存问题： 部分既有住宅厨房在设计之初仅考虑了厨房的功能配置，忽略了操作流线的合理性，造成厨房布局不合理，老年人做饭流线迂回，增加老年人操作负担。

改造方法： 结合"取－洗－切－炒"的操作顺序对空间布置进行调整，研究表明 U 型及 L 型布局更适合老年人使用。

改造前

厨房空间布局分散，流线迂回，增加老年人操作负担。

改造后

采用 L 型厨房整合厨房流线，减少不必要的迂回，减少老年人体力消耗。

轴测图示意

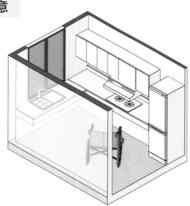

不同厨房布局形式的优缺点

直线型布局

优点：管线相对集中，有利于节省空间；

缺点：动线较长，易感觉疲劳，对于轮椅老年人同侧平移较困难，且单侧设操作台，储藏空间稍显不足。

L 型布局

优点：水池与炉灶位于操作台两侧，老年人可定点完成操作，操作流线较短；

缺点：转角处空间不便于利用。

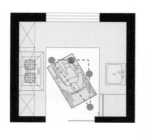

U 型布局：

优点：操作台面连续，储藏空间充足，空间利用率高，便于提供轮椅回转空间；

缺点：操作台、水池、炉灶位于不同方向，老年人使用需经常转身。

空间设计：空间流线

改造前　成都市某小区　2000 年建成　板式住宅

就餐流线较长且与其他空间缺少联系

现状问题：厨房空间较为封闭且与就餐空间相隔较远，老年人端菜不便。此外，照护者做饭时，难以及时了解老年人情况。

改造方法：① 餐厨相邻时，可设置传递窗与备餐台，方便老年人端菜上桌；② 餐厨相距较远时，可设置移动餐桌，作为用餐和置物平台使用。

改造前

厨房较为封闭，端菜流线较长。

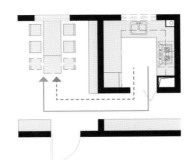

← 餐食流线
← 人员流线

改造后

设置观察窗，以便传递餐食，增加家人间视线沟通，方便照看联系。

餐厅与厨房布置示意

① 厨房内设置局部小餐台（伸缩餐桌等），并确保通行空间需求；
② 工程条件允许时，设置传递窗或改变厨房入口，缩短餐食流线；
③ 面积局促时，使用辅助设施运送餐食。

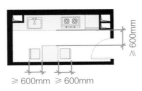

厨房与餐厅结合布置（站立行走）：需确保小餐台周边的站立通行需求。

厨房与餐厅相邻布置（设置观察窗）：可在餐厅一侧设置备餐台，窗台高度不低于餐桌高度，以便传递食物。

厨房与餐厅结合布置（轮椅通行）：需确保小餐台周边的轮椅通行需求。

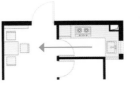

厨房与餐厅穿越其余功能空间：借助餐车等移动设施，减少运送负担。

空间设计：橱柜

改造前　上海市某小区　1995 年建成　板式住宅

橱柜使用时易发生磕碰

现状问题： 老年人在厨房中站立操作或乘坐轮椅活动时由于身体前倾，容易与吊柜产生磕碰，对老年人造成伤害。

改造方法： ① 注意吊柜选型，上方吊柜厚度宜小于下方橱柜 100mm 左右，保证老年人适度前倾时头部不易触碰到上方吊柜边缘；② 选用可下拉式吊柜，便于老年人取物。

改造前

吊柜深度过深，与下方橱柜齐平，当老年人操作前倾时，易发生碰撞危险。

改造后

牺牲一部分储藏量，将上方吊柜深度缩小 100mm，方便老年人取物的同时避免头部磕碰。

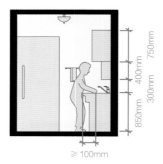

吊柜选型主要存在以下注意事项：

1. 调整吊柜形式：
① 可增设低位吊柜、空间局促时可取消柜门或安装托架等；
② 采用可升降式吊柜，例如安装下拉式储物篮、隐藏抽屉式吊柜；
③ 橱柜门使用透明材料，或可增加局部照明，便于观察和取用。

2. 调整后期使用方法：
放置轻质生活物品，减少取放过程中物品坠落导致砸伤的危险。

轴测图示意

利用低位吊柜设置挂钩、沥水架等开敞设施，不仅拿放方便，同时可解决储藏量问题。

低位吊柜选用透明材质的推拉柜门或无柜门形式，以节省门扇开启空间，减少磕碰风险。

隐藏抽屉式吊柜

空间设计：橱柜

改造前　南京市某小区　1993 年建成　板式住宅

橱柜不便于下肢障碍老年人使用

现状问题： 现有厨房橱柜形式存在轮椅老年人无法靠近、难以取放物品等问题。

改造方法： ① 橱柜操作台下方向里凹进，便于老年人坐姿操作或便于轮椅老年人使用；② 采用可升降式吊柜，减少抬臂的动作次数；③ 吊柜门宜选用透明材料，增加局部照明，方便老年人选取物品。

改造前

老年人坐姿操作时腿部受下方柜体阻挡，导致上身难以够及水龙头。

改造后

操作台下方预留轮椅进入或坐姿操作可深入的空间。

改造前

吊柜高度过高，轮椅老年人难以取物。

改造后

调整吊柜高度或采用下拉式拉篮，方便老年人取放物品。

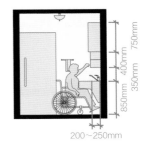

橱柜选型注意事项

1. 减少站姿操作的身体负担：
① 选用防撞柜门和圆角把手，以减少移动过程中的剐蹭风险；② 选用带有阻尼的抽屉拉篮，以减少弯腰次数并增加缓冲作用。
2. 采用坐姿操作以缓解腿部压力：
① 使用上下移动的可升降式洗涤池（操作台），以提高可调性；② 通过可拆卸门板预留膝下空间，洗涤池灶台下做防水隔热层。

无突起物的圆角把手

带有阻尼缓冲的滑轨

抽屉拉篮

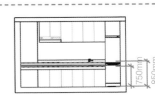
可升降式操作台

一种厨房操作台（专利号：201921038930.0）：设置可拆卸 / 调整门板

空间设计：橱柜

改造前　沧州市某小区　2005 年建成　板式住宅

储藏空间不满足使用需求

现状问题：部分住宅建成较早，缺少对储藏空间的考虑，导致老年人厨房用品堆积、影响老年人使用；部分老年人随着身体的变化，可触及高度降低，而橱柜高度较高，造成老年人取物困难。

改造方法：根据老年人身体状态与物品使用频率，有针对性地进行储藏空间的设计，通过可下拉拉篮、可伸缩橱柜等部品的使用方便老年人存放厨房用品。

改造前

厨房设计时，储藏空间考虑不足，导致厨房操作台面拥挤，杂物堆积。

改造后

对厨房布局进行调整，从水平和竖向两个维度合理利用吊柜、储物柜、家具部品布置多样化的储藏空间，满足不同的储藏需求；采用边角柜、多层拉篮等充分利用闲置空间角落进行储藏。可采用带轮子的移动储藏小车补充储藏量，同时方便老年人使用。

轴测图示意

 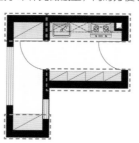

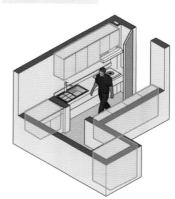

剖面图示意

根据居住老年人的需求来合理设置储藏空间、不一味追求量，避免深的转角空间、避免特别低和特别高的地方放物品，合理分区。尽量减少够高及踩低等动作避免引起跌倒。

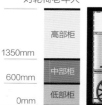 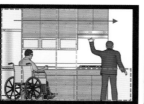

对轮椅老年人

1350mm

600mm

0mm

高部柜

中部柜

低部柜

对自理老年人

1550mm

高部柜

中部柜

600mm

低部柜

0mm

可存放较轻或不常用物品，例如干货等
建议采用下拉式拉篮，方便老年人取物

存放物品方便，但储藏量有限，可放置炊具、餐具等各类常用物品
低位吊柜建议使用透明材质的上开门或拉门
低位柜建议使用抽屉

可存放较重或不常用物品，例如米油等
建议优先使用拉门或抽屉

① **储藏区：**放置生鲜食品等　　③ **操作区：**储藏干货、杂品等

② **洗涤区：**储藏餐具、洗涤用品等　　④ **烹饪区：**放置炊具、调味料等　　存取难易程度　易　难

分类	储藏空间要求
炊具	包括平底锅、炒锅、炖锅、奶锅等，需要至少 0.5m³ 的存储空间
餐具	各类碗、盘等，建议放置横向抽屉中，方便取用，需要至少 0.15m³ 的空间
辅助用具	如调料瓶、锅铲、菜板等常用的器具可利用挂钩布置在操作台上方，方便取用
常温食材	包含米、面等食物可存放于储藏柜下部
低温食材	主要指各类生鲜，大部分储存于冰箱内

空间设计：紧急救助

难以察觉煤气泄漏

现状问题：老年人由于身体机能和嗅觉的下降，对煤气味道的敏感度随之降低，对煤气泄漏等安全事故不敏感，易引起煤气中毒危害生命安全。

改造方法：在厨房的合理位置增设燃气浓度检测报警器，确保燃气泄漏能及时被发现。

改造前

发生煤气泄漏时无法及时察觉。

改造后

在墙面设置燃气浓度检测报警器，与天花高度不大于300mm，与炉灶水平距离不大于1500mm。

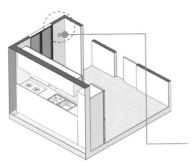

在墙面合适位置放置燃气浓度报警器

轴测图示意

忘记关火易引发火灾

现状问题：老年人由于记忆力下降和视觉嗅觉敏感度降低，在烹饪过程中常易忘记关火，有发生火灾的危险。

改造方法：在住宅中增设烟雾报警器，确保烟雾能及时被发现；另可考虑增设具有自动熄火保护装置的燃气灶，及时发现隐患，进行有效处理。

改造前

老年人记忆力下降，容易在煮饭过程中忘记关火，易引发火灾。

改造后

在天花板上方设置烟雾报警器，注意与炉灶水平距离不大于1500mm，同时设置炉灶自动熄火保护装置。

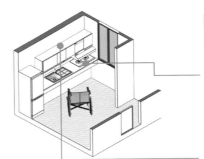

炉灶设置自动熄火保护装置

顶棚合适位置设置烟雾报警器

轴测图示意

光环境：人工照明

改造前　　北京市某小区　　1985 年建成　　板式住宅

缺少局部照明

现状问题：厨房操作台上方安装吸顶灯，人在操作时易形成阴影区，影响老年人操作。当厨房面积较大、吸顶灯照度较低时，问题更为突出，影响老年人正常的使用。

改造方法：① 更换吸顶灯，保证厨房整体照度不低于 200lx；② 在操作台上方、橱柜内部等增设局部照明。

改造前

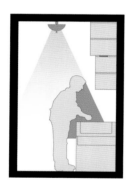

灯具安装位置不适宜，老年人操作动作易受阴影影响。

改造后

在操作区、橱柜等处增加 LED 灯做补充照明。

透视图示意

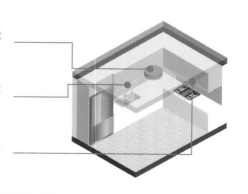

顶灯作为一般照明

操作台上方设置补充照明

灶台上方设置补充照明

光环境：插座开关

厨房插座数量与位置不适宜

现状问题： 随着家中厨房电器逐渐增多，部分住宅暴露出厨房插座数量不足、部分插座位置较高或隐藏于柜体内不便于老年人使用的问题。另外，部分插座缺乏防潮防油等防护措施，存在安全隐患。

改造方法： ① 根据厨房常用电器数量及老年人人体工学尺寸，布置高中低位插座；② 在灶台附近选用防水、防油插座。

改造前　北京市某小区　1993 年建成　板式住宅

改造前

厨房插头不足，不能满足老年人厨房电器的使用，例如电饭煲、微波炉等。

改造后

在操作台附近增加插座，满足厨房电器的使用，在灶台附近设置高位插座，满足抽油烟机的使用，在冰箱的位置设置低位插头。

厨房插座设置要点：
① 应充分考虑厨房电器的使用，如电饭煲、微波炉、破壁机、烤箱等，保证操作台附近至少有两个五孔插座；
② 厨房其他插座应注意防潮防水防油，安装可控制开关以及保护装置；
③ 厨房水槽下方插座注意防潮，安装防溅盒。

冰箱旁设置低位插座，高度300mm 左右

抽油烟机旁应设置高位插座，高度2000mm 左右

设置足够的插座满足电饭煲、微波炉等电器的使用（900～1200mm）

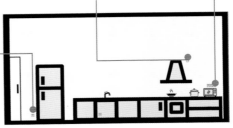

墙地面与门窗：地面材质

改造前 天津市某小区 1999年建成 板式住宅

厨房地面湿滑

现状问题： 在使用厨房时，橱柜、灶台上的油污、水容易流到地面，导致地面湿滑，而既有住宅的厨房常用瓷砖作为地面材料，其防滑性能有限，老年人极易摔倒。

改造方法： ① 更换防滑、耐油污、易清洁的地面材料；② 喷涂瓷砖防滑剂，加大表面摩擦系数；③ 选用带前后防水条的橱柜。

改造前

瓷砖地面防滑性能有限，遇油污或水渍易产生安全隐患。

改造后

更换为具有防滑、耐油污、易清洁性能的塑胶卷材地面材料，同时在橱柜边缘安设防水条，尽量减少油污和水滴滴落。

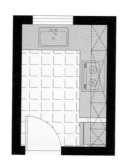

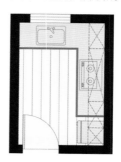

轴测图示意

地面高差的解决方案：

1. 消除高差：
① 厨房与餐厅可使用同一种防滑、易清洁的地面铺装材料；
② 入口更换为无门槛厨房门；
③ 过门石处的地面高差宜降低至5mm以内。

2. 增加辅助设施：
① 增设扶手、操作台等支撑措施；
② 设置局部照明。

改造方法	改造注意事项
铺设防滑、耐油污、易清洁的地面材料	塑料类地板砖、塑胶类地板砖：触感较好，易清洁，保温性能较好，但防污及防滑性能不足；需选用沾水打蜡之后也不会变滑的产品
	防滑地砖：易清洁，防水油污性能较好，但触感偏凉，防滑性能不足
铺设防滑垫	洗涤池区域：可选择具有沥水、防滑等性能，易清洁，且与地面贴合较密切且不易移动（例如TPR乳胶底部）的产品
	灶台区域：可选择具有耐高温、防滑等性能，易清洁，且与地面贴合较密切且不易移动（例如塑胶）的产品
加大表面摩擦系数	例如喷涂瓷砖防滑剂，使瓷砖表面形成很多细小看不见的凹痕，达到"遇水即涩"的效果
安装挡水边	在橱柜边缘特别是水槽处安装前后防水条

墙地面与门窗：门窗形式

门窗尺寸 / 形式不适宜

现状问题： 门洞口宽度较窄或门的形式选用不合理，易影响使用轮椅的老年人进出厨房。此外，橱柜与窗户位置的不合理布局，易影响老年人开关窗。

改造方法： ① 扩大门洞或改变门的形式，保证使用拐杖 / 助行架 / 轮椅等助行辅具的老年人安全通行；② 调整厨房布局，避免遮挡窗户；③ 改变窗户的形式，便于老年人开启与关闭。

改造前 　成都市某小区　1998 年建成　板式住宅

改造前

门洞宽度 800m，不能满足轮椅的通行需求。

改造后

调整门洞宽度至 900m，并设置推拉门，方便轮椅通行。

轴测图示意

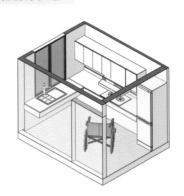

确认工程可行的前提下，调整门洞宽度，保证轮椅通行空间。

改造前

燃气灶在窗台前，影响老年人开关窗。

改造后

调整橱柜位置，留出开窗空间，避免橱柜对窗户的遮挡。

轴测图示意

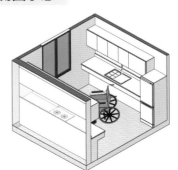

调整橱柜位置，留出开窗空间。

3.6　卫生间

卫生间作为老年人最容易发生跌倒的空间，在进行适老化改造时，应充分提升老年人如厕、盥洗、沐浴、护理、通行等行为的安全性。

卫生间功能分区主要包括盥洗、如厕和淋浴三大区域。

◆ 空间设计
- 空间功能
- 空间尺度
- 盥洗空间
- 如厕空间
- 淋浴空间

◆ 部品及周边空间
- 紧急救助

◆ 光环境
- 人工照明
- 插座开关

◆ 热湿环境
- 通风
- 温度

◆ 墙地面与门窗
- 地面材质
- 地面排水
- 地面高差
- 门窗形式

老年人对卫生间的需求

　　对卫生间进行适老化改造时，应结合老年人的不同身体状态和生活行为习惯进行综合考虑。对于自理老年人，应重点考虑卫生间的使用安全，避免发生摔倒、磕碰等现象；对于失能或半失能老年人，应以促进老年人能力发挥为主，同时提高环境安全性能，避免发生二次伤害。

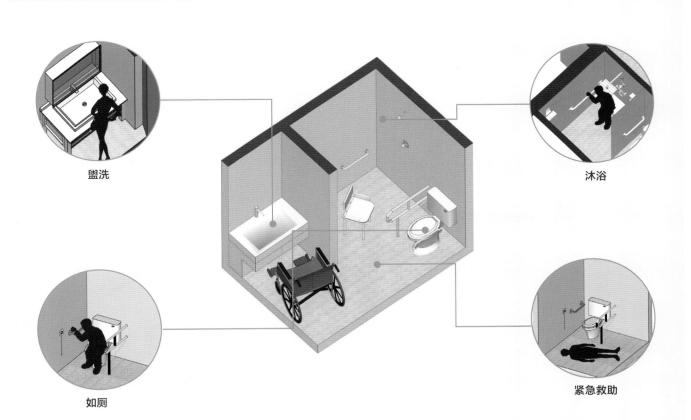

盥洗

沐浴

如厕

紧急救助

120

空间设计：空间功能

| 改造前 | 北京市某小区　1983 年建成　板式住宅 |

卫生间功能缺失

现状问题： 部分住宅建设之初卫生间未考虑淋浴空间，而随着生活习惯的改变，此种布局形式不能满足现代生活的需求，对老年人的生活造成了影响。

改造方法： 当卫生间难以同时容纳盥洗、如厕、淋浴三种功能时，考虑将盥洗功能外移，在卫生间附近就近放置洗面台，同时在原空间合理布置如厕和淋浴空间。

改造前

卫生间内缺乏淋浴功能。

改造后

卫生间增加淋浴功能，同时将洗面台移至卫生间外侧。

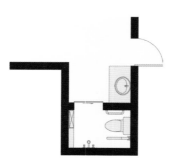

可通过选用极小部品，利用浴帘等进行隔断。

1.5m² 卫生间示意

利用地漏以及浴帘进行干湿分离。

2m² 卫生间示意

当空间较充分时，可考虑利用玻璃门进行隔断。

3m² 卫生间示意

有条件时，可利用隔断将盥洗、淋浴、如厕空间均进行分离。

3.75m² 卫生间示意

入口位置

增加淋浴间隔断，轮椅老年人可选择浴帘等软质隔断

增加条形水篦子，避免洗浴时的水溢出淋浴区

轴测图示意

空间设计：空间功能

卫生间功能缺失

现状问题：部分既有住宅卫生间在建设当初仅设置如厕功能，盥洗或淋浴功能多数依靠自家厨房或外部公用设施解决。

改造方法：依据卫生间结构及设备现状，对卫生间空间布局进行合理规划，利用极小部品满足盥洗、淋浴、如厕的需求。

改造前　北京市某小区　1968 年建成　板式住宅

改造前

空间狭窄，由于房间尺寸限制，难以放下洗面台，且马桶正对厕所门，缺少隐私。

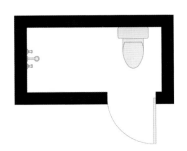

改造后

通过选用马桶与小尺寸洗面台，增加盥洗功能。

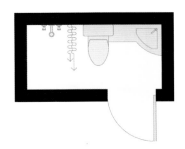

采用小尺度洗面台，以节约空间。

增设淋浴设备及折叠式浴凳。

轴测图示意　　入口位置

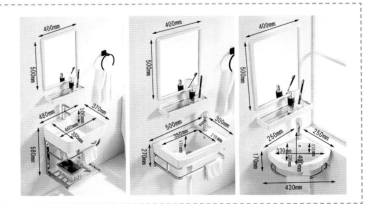

空间设计：空间功能

改造前 天津市某小区 1999年建成 板式住宅

储藏空间难以满足使用需求

现状问题： 部分卫生间存在储藏空间不足的现象，导致地面及洗手台面杂乱，物品堆叠，使用不便。

改造方法： 根据卫生间储藏需求，在洗面池、坐便器等位置增设储藏空间，以放置盥洗用品、沐浴用品、化妆品、清洁工具及卫生纸等常见卫生用品。

改造前

早期装修缺少对储藏的考虑，未设置储藏空间。

改造后

选用带有收纳柜的洗面台，增加镜柜，且在淋浴区域增设储物台，方便老年人取放洗浴用品。

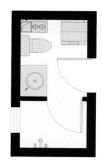

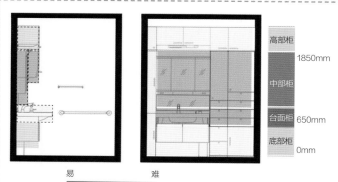

高部柜
1850mm
中部柜
台面柜 650mm
底部柜 0mm

易 难

存取难易程度

边柜

高中低柜

分类	储藏空间要求
高部柜	储存比较轻便的卫生用品，比如卷纸、纸巾等
中部柜	拿取比较方便。可以设置镜箱、抽屉和柜体等。镜箱用于储存盥洗类用品、抽屉储存内衣小件物品，柜体储存浴巾及备用毛巾等
台面柜	拿取物品方便，不需要抬手及下蹲。用于放置洗面奶等日用品
底部柜	取物相对不方便，可储存不怕潮湿物品，如洗涤剂、脏衣篓等
边柜	储存常用拿取方便的小件物品

空间设计：空间尺度

改造前　天津市某小区　1980 年建成　板式住宅

通行宽度难以满足轮椅使用需求

现状问题： 部分老年人需要使用轮椅或助行器辅助通行，卫生间空间有限，老年人易出现难以通行及回转不便的问题。

改造方法： 调整空间布局，通过辅助器具如扶手等的设置帮助老年人提升自理能力，形成完整的交通空间和辅具放置的空间，空间仍有不足时，可通过选用小尺寸部品，扩大交通空间。

改造前

洗面池、坐便器与淋浴呈三角布置，交通空间被分隔，轮椅无法通行，也缺少护理空间。

改造后

调整洗面池与淋浴设施位置，形成完整的矩形交通空间，供轮椅通行以及护理人员照护。

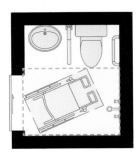

对于空间较为紧张的卫生间
① 合理化空间布局，形成完整的交通空间和轮椅放置空间；
② 选用极小尺寸家具；
③ 合理选用扶手部品帮助老年人提高生活自理能力；
④ 平开门改推拉门，工程可行的前提下，可将门洞扩宽为 900mm。

若卫生间内满足 1200mm×1600mm 轮椅转向空间，门净宽不宜小于 800mm；若不满足时，门净宽不宜小于 900mm，以便于借助门口空间进行轮椅转向。

入口位置

轴测图示意

空间设计：盥洗空间

改造前 成都市某小区 2002年建成 板式住宅

盥洗空间缺少适老设施

现存问题： 部分洗手间盥洗空间存在洗手台与镜面水平距离过远、老年人离水龙头距离较远易溅水、洗漱时无处撑扶等问题。

改造方法： 根据老年人需求，可通过在卫生间洗手池旁增设扶手，增加可调节化妆镜或更换镜柜，选用更易清洁的洗手池等方式进行改造。

改造前

盥洗空间镜面与老年人水平距离过远，不方便老年人梳妆，盥洗空间缺乏无障碍设施。

改造后

选用带撑扶功能的洗手池；增设镜柜，洗手台下方宜向内凹入。

400mm以下

---

① 利用部品进行搀扶

② 洗手台扶手

③ 可伸缩水龙头

④ 可拉伸镜子

⑤ 智能镜柜

盥洗空间适老设施设置要点：
① 洗面台下方应向内凹入，宜采用三边立围设计防止溢水；
② 宜选用可伸缩式水龙头；
③ 宜选用可调节化妆镜，可以根据需要自由伸缩，调整距离；
④ 宜采用收纳防雾镜柜，高柜宜采用下拉篮；
⑤ 宜在镜柜附近设补充照明，避免照明死角。

空间设计：盥洗空间

改造前　哈尔滨市某小区　2005 年建成　板式住宅

盥洗空间不适宜轮椅老人使用

现存问题： 老年人使用轮椅后，部分家庭洗手间盥洗空间已不再适合其使用，洗手时难以够及水龙头、缺乏扶手支撑等问题普遍存在。

改造方法： 选用下部留空的洗手台，或电动升降的洗手台，便于轮椅老年人使用。

125

改造前

轮椅老年人难以靠近洗面台，盥洗操作不便。

改造后

洗面台下部留空，以便于使用轮椅的老年人接近和使用。

---

① 可调节角度的镜子

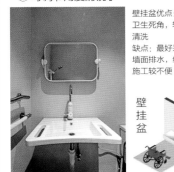

壁挂盆优点：无卫生死角，较易清洗

缺点：最好采用墙面排水，维修施工较不便

② 洗面池

柱盆优点：占地小，方便轮椅进入，不易磕碰

缺点：排水管柱后面易形成卫生死角

台下盆优点：不易形成卫生死角，形式美观，可适当增加储藏

缺点：不易安装，维修不便

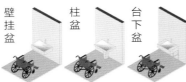

壁挂盆　柱盆　台下盆

轮椅老年人使用的盥洗空间
适老设施设置要点：

① 洗手盆底部内凹或悬空设计，为轮椅老年人双腿留出足够空间；

② 前端内凹设计，便于老年人使用时能更靠近水龙头；

③ 洗手池周边留出充足的台面，供老年人放置常用的洗漱用品；

④ 洗面台前端设可抓握扶手，方便老年人借力靠近或移动；

⑤ 在可够及范围内设置紧急呼叫设备；

⑥ 在镜柜附近设局部照明，避免照明死角。

空间设计：如厕空间

改造前　成都市某小区　2003年建成　塔式住宅

如厕空间适老性不足

现状问题：随着老年人年纪的增加，如厕时需要外部支撑，部分住宅卫生间缺少相应适老设施，且手纸架位置不便于老年人取用手纸，使得老年人如厕不便。

改造方法： ① 合理设置手纸架位置；② 安装无障碍扶手；③ 设置紧急呼叫按钮；④ 有条件的可设置智能马桶、小夜灯等装置满足老年人使用需求。

改造前

手纸架设置在便器后方，不便使用。

改造后

增加增高垫、利用手纸架做搀扶，并增加夜灯。

轴测图示意

① 手纸架结合置物及搀扶功能；
② 宜就近放置备用手纸。

如厕空间适老设施：

① 扶手：家居式撑扶系统

搁板式扶手　　竖向扶手

③ 纸卷器：放置备用手纸

② 智能马桶盖：加热及洗涤功能

④小夜灯：起夜辅助照明

插座式　墙面嵌入式

如厕空间适老设施设置要点：

① 针对自理老年人，设置竖向扶手或水平隔板；
② 在坐便器前方设置手纸架，可选用带有置物、搀扶等功能的手纸架；
③ 在马桶附近设置小夜灯，方便老年人夜间如厕；在马桶前，距地面400～500mm的墙面设置紧急呼叫按钮；
④ 马桶后方预留插座，方便安装智能马桶盖；
⑤ 设置置物柜，便于放置紧急需要的物品。

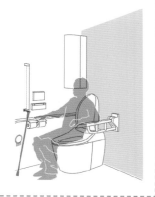

部品及周边空间：如厕空间

蹲便器 / 坐便器的形式 / 尺寸不适宜

现状问题： 部分既有住宅中蹲便器及坐便器在洁具形式及尺寸上已无法满足老年人如厕需求，但由于住宅管线难以更改等原因，在改造中存在无法完全消除高差的问题。

改造方法： ① 利用部品将蹲便器改造为坐便器，方便老年人使用；② 针对坐便器尺寸不适宜，灵活选用洁具部品，降低改造工程量。

127

| 改造前 | 重庆市某小区　1999 年建成　塔式住宅 |

改造前

地面高差难消除，老年人下蹲时，腰部负担较大。

改造后

消除局部高差，选用相应部品并改造为坐便器。

改造前

坐便器座面过低，老年人起坐时费力。

改造后

选用马桶增高器，减小老年人起坐时活动幅度。

≥ 450mm

≥ 450mm

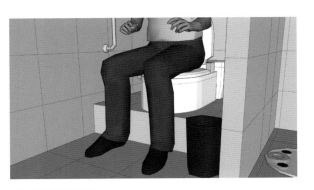

透视图示意

透视图示意

空间设计：淋浴空间

改造前 广州市某小区 1996年建成 塔式住宅

淋浴空间缺少适老设施

现存问题： 部分老旧住宅中淋浴器老旧，位置不可移动，喷头也不能调整角度，不便于老年人及护理人员的日常使用。同时淋浴空间缺少安全抓杆、座椅、防滑垫等设备，存在安全隐患。

改造方法： 结合老年人及护理人员实际使用需求，通过更换洁具部品，调整淋浴器位置，安装安全抓杆、安装淋浴座椅等设施改善老年人淋浴质量。

改造前

淋浴器设置位置不适宜，且缺乏安全抓杆、座椅等设施，导致老年人的洗浴过程中容易失去重心摔倒。

改造后

淋浴器喷头可根据老年人不同的洗浴姿势进行高度的调整，增加淋浴凳等方便老年人坐姿洗浴。

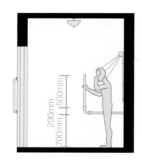

适宜老年人使用的部品

淋浴折叠座椅　移动式座椅　边进式浴缸　起吊设备

浴缸撑扶系统

淋浴空间适老设施设置要点：

① 淋浴区宜设置可折叠或可移动的带扶手浴凳，于周边设置垂直和水平安全抓杆，满足坐立两种淋浴需求。其高度应当保证老年人坐下后，膝盖与椅子之间接近直角，便于老年人起身；

② 淋浴喷头高度应可调节，宜采用可上下滑动的杆件；

③ 宜将淋浴隔挡更换为淋浴帘，方便老年人独自沐浴及照护者帮助老年人沐浴；

④ 淋浴空间内外应无高差，不设置挡水条，便于轮椅进入。

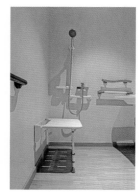

部品及周边空间：紧急救助

改造前 天津市某小区 2001年建成 板式住宅

紧急情况无法与外界联系

现状问题： 老年人在卫生间突发紧急事故，呼叫声音微弱或遇到家中无人的情况时，无法快速联系急救人员进行救助。

改造方法： 在坐便器附近设置按钮和拉绳结合的紧急呼救装置，当求助按钮被激活后，可立马发出报警灯光及声音，同时一键呼叫家人。

改造前

卫生间在平面布局中与居室空间较远，老年人如厕遇险呼救时，难以被察觉。

改造后

在坐便器侧后方设置紧急呼救装置。

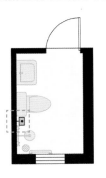

坐便器坐姿可及范围内设置按钮拉绳结合的紧急呼救装置

坐便器卧姿可及范围内设置按钮拉绳结合的紧急呼救装置

紧急呼救装置设置应避免在使用扶手或拿取手纸时造成误碰

紧急呼救装置设置于老年人手能够到的范围内

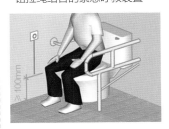

透视图示意

3 套内空间适老化改造

光环境：人工照明

改造前 北京市某小区　2000年建成　塔式住宅

130

缺少局部照明

现状问题： 卫生间内采光不足，且缺少局部照明时，易导致老年人视物不清，比如洗衣时看不清污渍、护肤时看不清细节、起夜时看不清路线等。

改造方法： ① 合理设置整体照明；② 在保证整体照明的基础上，在化妆镜等位置增加局部照明；③ 设置夜灯保证老年人起夜安全。

改造前	改造后	改造前	改造后
夜晚光线昏暗，难以识别路径。	卫生间内外设置夜灯作为深夜辅助照明。	顶灯形成阴影，老年人视物不清。	设置具备感应功能的镜前灯以增加局部照明。

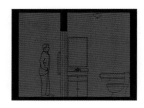 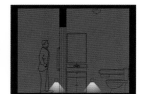  

卫生间整体照明：
主光源灯具，宜防雾防水
整体照明照度：200lx
局部照明照度：200～250lx
局部照明：
① 安装感应夜灯
墙面嵌入式夜灯高度：
400～600mm
② 镜前灯
高度：1200～1800mm

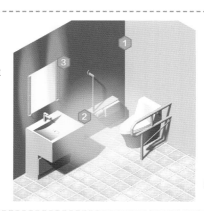

外部辅助照明：
① 在通往卫生间的走廊上及卫生间外布置夜灯方便老年人起夜；
② 照度：5～10lx

墙面嵌入型感应夜灯　插座式感应夜灯　荧光开关提示

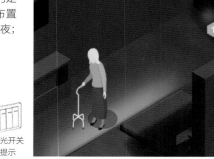

光环境：插座开关

改造前 北京市某小区 1986年建成 板式住宅

开关插座位置不适宜

现存问题： 部分住宅存在插座位置不合理、插座数量不足等问题。此外，对于未实现干湿分区的卫生间，插座不防水，存在安全隐患。

改造方法： ① 根据常用电器数量及老年人人体工学尺寸，重新布置插座；② 使用防水插座。

改造前

卫生间马桶处无插座，影响老年人使用智能马桶。

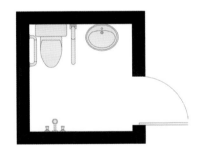

改造后

在马桶、洗面台、淋浴附近设置插座，便于后期安装智能马桶、电热水器等电器。

卫生间插座设置示意

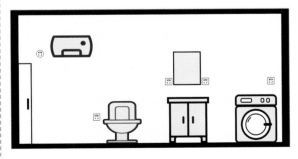

轴测图示意

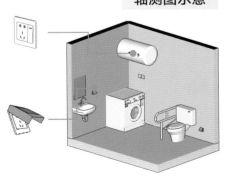

① 电热水器旁安装插座，且配置防溅盒；
② 卫生间橱柜上方应设置插座，方便使用剃须刀等电子产品；
③ 在马桶旁应安插座，为改装智能马桶提供条件；
④ 洗衣机上方应设置插座；
⑤ 应使用防水插座，保障老年人的用电安全。

热湿环境：通风

改造前 北京市某小区 1980 年建成 板式住宅

卧室通风不佳

现状问题：部分卫生间为黑房间或仅有小面积通风窗，存在通风不佳的问题。卫生间由于长期用水，地面湿滑，滋生细菌、产生异味的同时，易产生安全隐患。

改造方法：① 合理规划干湿分区；② 增设排风装置，可使用暖风排风一体机；③ 设置具有吸湿除臭作用的植物。

改造前

盥洗、如厕、淋浴相对独立设置，未合理进行干湿分区。

改造后

增加条形水篦子或挡水条，避免淋浴区的水流到盥洗及如厕区。

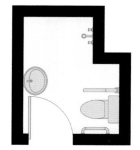

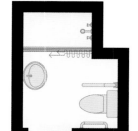

排风

① 在吊顶安装暖风机；
② 选择带有百叶窗的门；
③ 设置电热毛巾杆。

三干王暖风机　电热毛巾杆

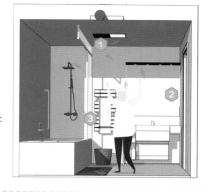

吸湿

① 浴室柜底部采用金属高腿设计、防水铝箔、橡胶垫。浴室柜柜面材料采用防水材料，如耐磨板、高分子聚合物等复合型板材；
② 可设置具有吸湿除臭植物，如绿萝、霸王芋。

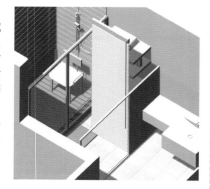

热湿环境：温度

133

改造前　北京市某小区　2002 年建成　板式住宅

淋浴前后温差大

现状问题：老年人对于温差比较敏感。洗澡前后，卫生间与屋外其他空间温差较大，易引发危险。

改造方法：① 临近沐浴区设置更衣空间作为温度缓冲空间；② 增设浴霸、暖风机等设施，保持浴室及其周围空间恒温。

改造前

卫生间缺少保温设备，老年人洗澡过程中易着凉。

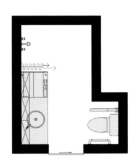

改造后

在更衣区增加壁挂式浴霸或吸顶式暖风机，保持空间恒温；增加洗衣更衣空间，帮助老年人逐渐适应温差。

淋浴区温度维持方法：
① 在沐浴空间外设置干区，方便老年人在洗完澡之后能及时穿衣，可在干区外设置玻璃隔断等尽量减少热气扩散，维持局部区域温度稳定；
② 增设浴霸、暖风机等设施，借助外力维持卫生间淋浴区域温度恒定，避免老年人在洗澡之后受凉。

透视图示意

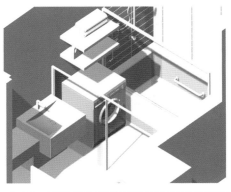
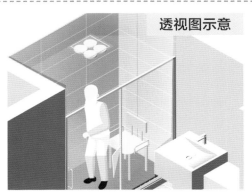

墙地面与门窗：地面材质

改造前 天津市某小区　1998 年建成　板式住宅

地面材料不防滑

现状问题： 部分既有住宅卫生间为瓷砖地面，老年人在淋浴过程中，地面湿滑，易摔倒。

改造方法： ① 根据空间布局，合理规划干湿分区；② 利用条形地漏增加排水面积；③ 根据干湿区的不同功能需求，更换地面铺装材料；④ 增加防滑地垫。

改造前

地面不防滑，老年人使用过程中易摔倒。

改造后

在淋浴区更换防滑地砖或大面积平铺防滑垫，在干区采用易清洁且防滑的地面材料，便于日常打扫。

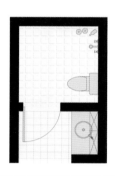

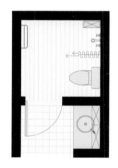

防滑措施
防滑地砖
整面平铺防滑垫
塑胶地面
进口防滑剂

湿区地面材料宜注重防滑、排水等性能，例如无釉面砖、石材等

湿区可放置防滑地垫，例如防滑疏水地垫等，以加快排水作用

干区地面材料宜柔韧性好、防滑、易打理，例如 PVC 地板、碳化软木等

轴测图示意

墙地面与门窗：地面排水

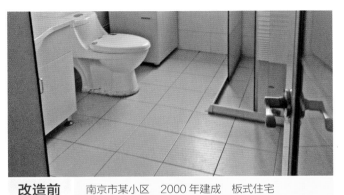

改造前　南京市某小区　2000 年建成　板式住宅

地面排水不畅

现状问题： 浴室地面排水不畅，沐浴时易积水，导致地面湿滑，容易引起老年人跌倒。同时，积水长期难以排除，容易滋生细菌，影响老年人健康。

改造方法： 通过安装长条地漏，扩大过水面积，保持浴室地面干爽，方便老年人使用。

改造前

卫生间无干湿分区，淋浴时地面排水不畅，老年人易滑倒。

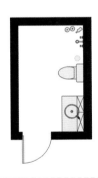

改造后

淋浴区增设拉帘，形成干湿分区；设置长条地漏，结合适宜排水坡度加速排水。

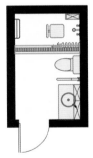

轴测图示意

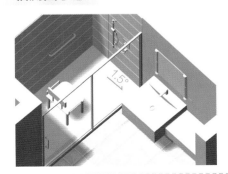

排水问题解决方法：
① 合理进行干湿分区；
② 设置长条地漏增加排水面积加速排水，可设置于淋浴房内侧；
③ 合理设置排水坡度（≥1.5°），提高排水效率。

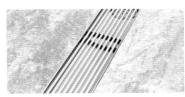

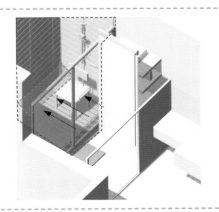

墙地面与门窗：地面高差

| 改造前 | 西安市某小区　1995 年建成　板式住宅 |

地面存在高差

现状问题： 部分既有住宅由于管线布置、部品选用等原因，在出入口处常存在较大高差。

改造方法： 当高差大于 50mm 且无法消除时，可通过增设其他安全辅助设施，如安装扶手、设置局部照明和色彩反差辅助老年人平稳通行。有条件时可做降台处理，消除高差。

改造前

地面高差难以消除，老年人抬腿及弯腿吃力。

改造后

针对地面高差无法拆改的情况，可设置局部台阶或斜坡部品，同时设置扶手，辅助老年人通行。

低位灯具

地面高差处理：

① 对于施工复杂程度较低的工况，可通过局部改造的方式对门槛、过门石等突出地面构件进行拆除，并设置水平扣板进行连接过渡；

② 对于 30～50mm 且不便于消除的地面高差，宜通过选用合适的斜坡辅具，实现高差的平稳过渡，选用辅具时宜选用防滑、耐用且脚感较好的材质。斜坡辅具表面宜进行防滑处理，或设置防滑槽；

③ 对于 50mm 以上且不便于消除的地面高差，宜通过在高差附近增设其他辅助设施，如踏步台、带有偏移的扶手。高差边缘宜设置色彩对比鲜明的防滑条或防滑胶。

踏步台

偏移扶手

防滑条

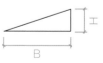

地面高差消除装置尺寸表

H（mm）	15	20	25	30	40	50
B（mm）	50	70	90	110	150	190

墙地面与门窗：门窗形式

门扇形式不满足通行需求

现状问题： 既有住宅卫生间存在门洞宽度狭窄，入口位置不适宜等问题，导致老年人及照护人员通行受限。

改造方法： 在保证功能需求的前提下，① 尽可能拓宽出入口宽度；② 改变门洞口位置；③ 采用能向外开启的门或推拉门，以满足老年人使用辅具或与照护人员并行的通行需求。

改造前 石家庄市某小区 2005 年建成 板式住宅

改造前

门洞宽度偏窄，难以容纳老年人与照护人员同时通过。

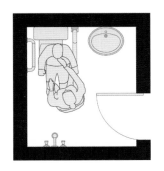

改造后

拓宽门洞宽度，并更改门开启方向。

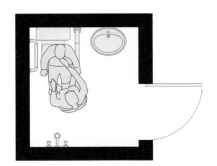

门扇形式及材质：
① 卫生间应采用能向外开启的平开门或推拉门，以便于老年人在卫生间内发生意外时，家人能够顺利打开卫生间门进行施救；
② 在门的材质上，选择木制加玻璃的材质，以便减少木门对声音的阻隔效果，防止老年人呼救时，外界无法听到。

三节推拉门：充分满足老年人通行宽度需求

外开门：能够 180° 向外开启，避免占用交通空间

轨道位于门上方的推拉门：保证地面平整，带有观察窗及低位门把手

3.7 阳台

对阳台进行适老化改造设计时，应考虑老年人种植、锻炼、晾晒、阅读、晒太阳等行为的空间需求。

阳台功能分区主要包括活动区、洗涤区、晾晒区、植物种植区、杂物存放区。

◆ 空间设计
– 空间功能
– 空间流线

◆ 光环境
– 照明控制

◆ 墙地面与门窗
– 地面高差

老年人对阳台的需求

阳台除了满足老年人日常的晾晒衣物、储藏等需求之外，也是老年人接触自然与阳光的最佳平台。特别是在疫情期间，阳台成了不少老年人与自然联系的唯一渠道。

因此，在对阳台进行适老化改造时，应结合老年人的兴趣爱好，在满足基本晾晒功能的基础上，为老年人提供丰富的自然体验。

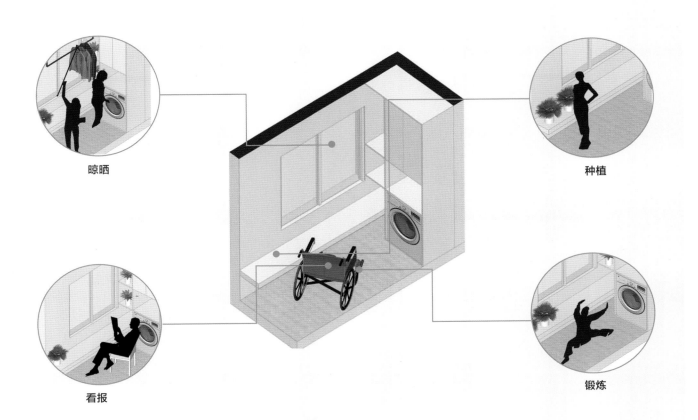

晾晒

种植

看报

锻炼

空间设计：空间功能

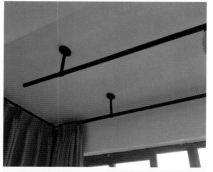

北京市某小区　2005 年建成　板式住宅

晾衣杆过高不便于老年人使用

现存问题： 随着老年人年龄的增大，仰头使用晾衣杆晾晒衣物变得困难，尤其当衣物滴水造成地面湿滑时，容易引起危险。

改造方法： 设置可升降式晾衣杆或低位晾衣杆，方便老年人操作，同时合理进行阳台排水，保证地面积水快速排出，结合防滑地砖，避免湿滑。

改造前

阳台原有固定式晾衣杆普遍安装过高，老年人晾衣存在困难。

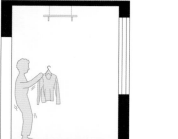

改造后

将固定晾衣杆改为可升降晾衣杆，方便老年人晾晒。

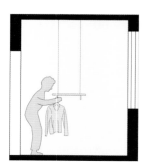

晾衣杆改造前后示意

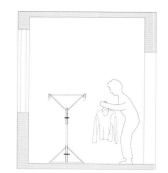

如有改造困难，可选用低位可移动晾衣杆便于老年人晾晒衣物。

空间设计：空间功能

改造前　天津市某小区　1999 年建成　板式住宅

生活杂物堆砌影响晾晒及通行

现存问题：老年人常在阳台存放泡菜、干货等食物及家中闲置物品，久而久之杂物堆砌，造成通行不便，甚至影响室内采光通风。

改造方法：① 部分阳台面积有限，需要从竖向和平面两个维度对食品、洁具等储藏区域进行划分；② 合理设置储藏空间，在竖向维度上，根据老年人取放难易程度与利用频率对储藏空间进行设计。

改造前

阳台杂物堆砌，老年人通行时易产生磕碰现象。

改造后

在确保通行净宽和采光通风的前提下，增设局部储藏柜。

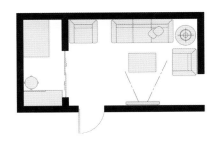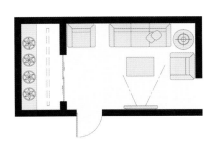

轴测图示意

利用实墙面设置吊柜或整墙柜；沿窗边空间设置矮柜，以增大储藏量。

在确保不同身体状态老年人的操作和交通空间的前提下，针对各区域进行功能分区：
① **交通区域：**确保门洞口及阳台进深的通行净宽。
② **洗涤及晾晒区域：**保留洗涤及晾晒操作活动区域；宜采用防滑地面，并进行斜坡排水处理，如果有地漏的阳台需注意组织排水。
③ **活动区域：**预留窗边区域，增强室内外互动交流。

位置分类	常见物品
生活阳台	兴趣爱好类：钓鱼用具、体育用品等
	植栽工具类：花盆、喷水壶、肥料、盆栽架等
服务阳台	食品类：粮食、蔬菜、饮料、零食等
生活阳台及服务阳台	洗涤用品类：水盆、晾衣架、肥皂、洗衣液等
	清洁用品类：扫帚、簸箕、墩布、吸尘器等
	生活杂物及废品类：换季衣物、五金工具、旧家具、废纸、空瓶等

空间设计：空间流线

改造前 重庆市某小区 2009年建成 塔式住宅

洗涤晾晒流线距离过长

现存问题：洗涤区与晾晒区距离过长，老年人往返于两个阳台之间，增加老年人家务负担。

改造方法：① 在工程条件允许的情况下，通过管线改造，将晾晒与洗涤区合并设置；② 缩短家务流线，当改造有困难时，选用可移动式晾衣杆，就近晾衣，减轻家务负担。

改造前

洗涤功能与晾晒功能分别位于服务阳台及生活阳台，相距较远。

改造后

有条件时，将洗衣机设置于生活阳台，缩短流线距离，节省日常衣物搬运流程。

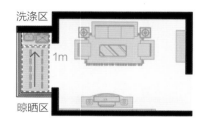

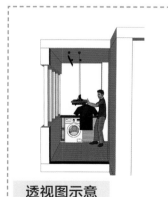

透视图示意

晾晒区　操作区　洗涤区

在生活阳台集中布置洗涤功能和晾晒功能时，主要存在以下注意事项：
① 洗衣机旁配置洗面池与操作台面，并预留物品洗涤与分拣衣物的操作空间；
② 选用升降式晾衣杆；
③ 配置上下水管线和带有防水保护的插座，以满足洗衣机配置需要；
④ 可选用上翻盖的洗衣机。

光环境：照明控制

缺少局部照明

现存问题： 对于大多数自然采光的阳台，其照明设计易被忽略，造成老年人使用不便。特别是对于有晾晒需求的阳台，照明不足，影响老年人夜间使用。

改造方法： ① 保证整体照明照度值；② 在洗衣、晾晒等工作区域增设局部照明。

改造前　　四川省成都市某小区　2000 年建成　板式住宅

改造前

阳台只设置整体照明，老年人取放阳台物品时视物不清。

改造后

在洗衣、晾晒、储藏等区域增加局部照明，保证夜间阳台使用安全性。

入户花园较为空旷，缺乏辅助照明，老年人夜间行走时，有磕碰跌倒风险。

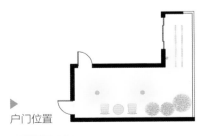

▶ 户门位置

改造前

划分入户、交谈、植物种植及晾晒区，根据不同功能需求增设局部照明灯具。

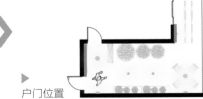

▶ 户门位置

改造后

通过增设 LED 筒灯、壁灯以及夜灯，在不同高度范围内提高夜间行走安全性。

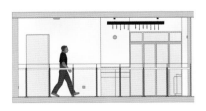

剖面图示意

墙地面与门窗：地面高差

改造前 北京市某小区 1993年建成 板式住宅

存在地面高差

现存问题： 部分既有住宅阳台与室内空间存在高差，老年人有绊倒风险。

改造方法： ① 确认工程可行的情况下，通过抬高阳台地面，以消除高差；② 设置斜坡辅具，并安装扶手，以辅助老年人顺利通过高差。

改造前

局部地面高差较大，老年人通行不便。

改造后

铺设具有渗水功能的架空地板。

改造前

局部地面高差较小，老年人容易忽略，进而被绊倒。

改造后

当高差较小时，可通过安装三角坡垫、小缓坡，同时设置足底照明、增设扶手等，辅助通行。

轴测图示意

1. 消除高差：
① 通过架空地板，抬高阳台地面；
② 更换为无门槛阳台门。

2. 减缓高差：
① 设置斜坡部品；
② 增加台阶数量，每阶地面高差不应大于15mm。

3. 增加辅助设施：
① 增设扶手、家具等支撑措施；
② 设置局部照明。

上悬式推拉门

斜坡部品

地面高差消除装置尺寸表

H（mm）	15	20	25	30	40	50
B（mm）	50	70	90	110	150	190